儿童行为密码

优儿学堂 YoKID ○ 编著

四川科学技术出版社

推荐人

苏德中（TIMOTHY SO）

剑桥大学心理学博士

儿童心智成长综合服务平台领导品牌优儿学堂 **YoKID** 创始人

全球华人积极心理学协会主席

亚布力中国企业家青年论坛创始理事

中国与全球化智库常务理事

《哈佛商业评论》《福布斯》《财富》《父母世界》《妈咪宝贝》长期专栏作家

达沃斯世界经济论坛、博鳌亚洲经济论坛、中国企业家论坛演讲嘉宾

主编《持续的幸福》《专念》《象与骑象人》《乐观的孩子》等 10 本畅销书籍

苏德中是个极优秀的国际级学者，身为剑桥大学心理学博士的他，带领着国内外的一些心理学家投入国人心理健康事业，将国内成人心理学及育儿心理提升到了新的高度。

作者简介

优儿学堂 YoKID

优儿学堂 YoKID，幸福创客集团旗下高端早期教育品牌，由剑桥大学心理学博士苏德中先生创办，专注于托儿、早教、幼教、儿童心理研究与服务。优儿学堂 YoKID 围绕儿童心理、行为与成长、智能与发展、学习与环境、游戏与课程等方面 360 度全方位为家庭提供一站式教育解决方案，目前已为来自 11 个国家、超过 1000 万用户提供专业服务。

优儿学堂 YoKID 拥有一支来自全球顶尖学府的儿童教育研究专家团队，通过在全球范围采集数十万儿童各项成长数据深度研究分析，研发出了国际领先的儿童成长早期教育数据系统——CDPS（Child Development Psychometric System），是全球首个能将儿童智能发展各项指标进行量化、数据化、可视化的评测系统，对全球早期教育领域具有跨时代意义。

优儿学堂 YoKID 通过为中国家庭提供在线讲座和育儿微课堂等服务，积累了大量的实际案例，通过团队通过不断的探索和研究，目前已经研发出多套适合中国孩子的早期教育课程。

优儿学堂官网　　优儿学堂微信

看见孩子
听见孩子

因为理解，所以更懂爱

前言
Preface

在与父母接触的过程中，我们发现，大多数成年人只关注孩子对事情做出的反应，却没有真正理解孩子行为背后隐藏的真实需求，所以导致家长和孩子之间好像有一种无法破译的围档在阻碍着双方了解彼此。在大人找不到解决办法的情况下，各种常见的儿童行为被误读和夸大。

我们的教育心理学家团队在通过 800 多个案例，超过 100 万次的线上咨询和 280 万的儿童心理数据，撰写了本书，就是为了希望父母在育儿中享受真正快乐的同时，孩子也能够幸福健康的全面成长。

很多时候，父母对孩子的伤害是无意识的。例如根据我们的数据库，有 96.78% 的父母曾经说过"你再哭我就走了"来阻止孩子的哭泣。然而，因为不了解孩子行为背后的真实原因，造成了父母不自觉地在用"亲子联结的断裂"来惩罚孩子。在孩子看来父母是真的要离开他，这只会使孩子哭得更厉害，甚至有更多其它负面的影响。

当前社会中，面临着各种大大小小的压力而疲于奔波的父母，经常会在孩子需要宽容时不能从容，在孩子需要陪伴时力不从心。这个物质越来越丰富，精力和时间越来越有限的当下，我们更需要了解孩子的需求，理解孩子行为背后的诉求，我们团队撰写这本书主要从四个方面给父母提出更全面的育儿思路：

1. 建议父母从认知上了解孩子的发展过程，对一些常见的成长问题，警觉中保持宽容；

2. 建议父母对孩子的健康成长所必需的物质和心理条件全面掌握，比如：安全保护、建立积极情绪、培养良好的亲子和同伴关系、正面的角色榜样以及体验到成就感的机会；

3. 建议父母回忆自己的童年经历，正视自己的经历才能更好地回应孩子的情绪和需要；

4. 通过一篇篇真实的案例和数据，结合教育心理专家们的专业经验，为父母提供不同的育儿观念及具操作性的育儿方法。

在此基础上，我们希望家长能根据自己的情况来使用文章中给出的建议。每个孩子都有其先天的气质类型和心理特点，认识并欣赏自己孩子的独特性并加以培养发展，是父母给孩子最好的礼物。"父母之爱子，必为之计深远。"想想孩子长大后要独立地去承担生活的责任，并为自己的选择负责，家长就会知道爱不是简单地给予，它需要我们学习、理解，并在日常生活中加以应用，回应孩子行为密码背后的需求。

最后，我衷心感谢在本书编撰过程中，参与并给予帮助的每一位：

感谢儿童心理专家北京大学博士马亚婷、伦敦大学学院（UCL）临床心理学博士龚安童、弗吉尼亚大学临床心理学博士徐艺珊、哥伦比亚大学教育心理学博士易俊在儿童心理量表、咨询个案、案例分享及专业意见等各方面给予的协助；

感谢参与案例记录、儿童心理观察记录、文字整理的高景惠、黄思艺、张黎黎、范津津的协助；

感谢赵文卓先生和张丹露女士的女儿赵紫阳（小玫瑰）提供美术作品作为本书的封面，小玫瑰的作品充满了想象力和大胆的创作，是我和孩子们都非常喜欢的一幅画。

感谢80多家与我们合作的幼儿园、早教中心和幼教机构以及参与优儿学堂YoKID儿童教育咨询及教学服务的各位小朋友和家长，是你们让我们意识到关注孩子行为背后的动机是多么有意义的一件事情。

—— 苏德中 2017 年于北京

※ 为了保护孩子和家长的隐私，本书案例中所有名字均为化名。

名人推荐

Celebrity Recommendation

极具实用性的育儿锦囊，相信每个家长都能在《儿童行为密码》看到自己孩子的影子，找到通向孩子内心世界的钥匙。

——著名影星 赵文卓、张丹露夫妇

运用大量有趣的心理学实验和家庭教育中的生动案例，来说明什么是正确或错误的方法。内容丰富实用，结构新颖严谨，论述深入浅出，语言幽默流畅，是一本雅俗共赏的好书。

——北京大学第三医院儿科主任 童笑梅

现在的孩子从拥有的成长环境来说应该是幸福的了，但却有着数不尽的成长的烦恼。这一代的父母比上一代更加重视家长学习，但面对孩子各种各样的情绪和行为问题，仍是焦虑和无措。父母和孩子的心理幸福感并没有随着生活条件的提高而同步提升……书中推行的幸福心理学理念非常适应当下的中国。其实幸福并不遥远，书中认为父母提高育儿心理水平有助于拉近亲子亲密关系，通过精湛的理论分析和有代表性的案例，教父母读懂孩子情绪和行为之间的关联，读懂孩子各种行为背后的内心需求，从而把幸福的密码交到了每位家长的手中！孩子的幸福感其实更多地需要家长的用心解读和引领，孩子教育成功了，比世界上的任何成功都更能让父母拥有幸福感！

——知名亲子教育专家，畅销书《陪宝宝玩到入园》作者，桔灯宝宝早教机构创始人 杨霞懂得孩子，亲子沟通才更有效。

父母对孩子真正的爱是什么？不仅仅只有生活的精心照料，更重要的还有对其心灵的呵护和引导。每个孩子都有情绪，每种情绪背后都有秘密。剑桥大学心理学博士苏德中先生推荐的《儿童行为密码》，带我们去解读孩子情绪背后的秘密 —觉察孩子的情绪，了解他，帮他处理安放好情绪，有效增加亲子沟通。教育是心灵的对话，家长能和孩子的心灵相通，教育也会成为简单的事。

——资深媒体人、布谷鸟数媒创始人 郭嘉

读懂孩子的心，育儿更轻松。

合格的父母懂得关怀孩子心灵的需求，洞悉孩子行为背后的缘由，及时解开他们的心结，孩子才能健康地成长，同时育儿也会更轻松。儿童期是孩子心理发育的关键时期，家长要及时察觉他们的压力，呵护幼小的心灵。在我儿子 Louis 不到 3 岁的时候，我们经历过一次搬家，没想到小孩子也会有"搬家的焦虑"。他担心再也见不到小伙伴了，又没有新朋友。很庆幸的是，我当时很快就发现了孩子的情绪，带他去认识新朋友，熟悉并让他喜欢上新环境，减少陌生感，还给他讲关于搬家主题的绘本，让他顺利度过了这个时期。

——著名影视话剧演员、节目主持人 闫勤

目录
Contents

第一部分
0～6岁学龄前孩子

第1章　亲子依恋篇 　　　　　　　　　　2

孩子为什么会黏妈妈？孩子什么时候开始认生？孩子为什么不想上幼儿园？分离焦虑正常吗？

安全型的亲子依恋才可以构建孩子的安全感。这就要求父母对孩子做出敏锐、积极、恰当地回应。父母如何跟孩子互动呢？

儿童行为密码
Child
Behavior Code

目录

Contents

第4章 社会发展适应篇   89

    孩子多大年纪开始喜欢跟其他小朋友一起玩?孩子的友谊是怎么发展的?孩子如何交朋友,如何适应新环境?

    提升孩子社会适应能力的关键是培养孩子的独立能力、同理心,以及引导孩子学习社会规则。

儿童行为密码

Behavior Code

第二部分
7~12岁学龄孩子

在学校孩子会遇到哪些挑战？他们是如何思考问题的？当遇到困难时他们会怎么处理？

良好的学习习惯包括哪些？父母如何引导和示范？怎样鼓励孩子最有效？

第一部分

0～6岁
学龄前孩子

第1章

亲子依恋篇

　　家庭是孩子生活的核心区域，是个体社会化最初的交互环境。孩子和抚养人建立的依恋关系是其所有社会关系的基础，并深深影响着孩子成年后亲密关系的建立。如何建立安全型依恋关系呢？

1 孩子和你亲密吗——解读孩子的亲子依恋发展过程

孩子为什么会黏妈妈？孩子什么时候开始认生？孩子为什么不想上幼儿园？分离焦虑正常吗？

⊙ 什么是依恋关系？

依恋指个体与某一特定个体（一般是抚养人）间的一种强烈、持久、积极、充满深情的情感联结（emotion bonding，Joho Bowlby）。与抚养人在一起孩子会感到放松；孩子受挫时，看到抚养人会感到安慰。孩子和抚养人的关系会影响到他以后生活中的关系。

父母与婴儿的关系是一种相互的关系，父母早在宝宝出生之前就已经对宝宝形成了这种亲密的情感联系。婴儿依恋的主要表现有：啼哭、笑、吸吮、喊叫、咿呀学语、抓握、身体依偎和跟随等行为。在出生后的几个月，婴儿和抚养者之间建立起同步化互动模式，对依恋的形成有重要作用。

⊙ 依恋的发展

跨文化研究表明，依恋的发生时间有文化差异和个体差异，但发展模式基本一致。一般经过这样几个阶段：

0～3个月，对人无差别阶段，孩子喜欢所有的人，喜欢关注人的脸；

3～6个月，对人有选择的阶段，这个时候孩子对母亲和他所熟悉的人的反应有别于对陌生人的反应；

6个月～2岁，积极寻求与抚养者亲近，对依恋对象表示深深的关心；

2岁以后，目标调整的伙伴关系阶段，孩子把依恋对象作为一个交往的伙伴，认识到他有自己的需要和愿望，交往时双方都应该考虑对方的需要，并适当调整目标。

孩子探索世界时，妈妈是他的安全基地，当他不可避免地产生恐惧和焦虑时，他就会返回安全基地寻找安慰，借以获得安心和舒适来减轻焦虑。孩子的焦虑降低后，他又会继续迈出探索的脚步。下面我们来看看两种依恋相关的恐惧。

⊙ "不要你抱！"——孩子认生

孩子认生即陌生人焦虑（stranger anxiety），孩子在陌生人接近时表现出恐惧和戒备反应，在8～10月达到顶峰，2岁以后逐渐下降。什么原因导致了孩子认生呢？我们认为大脑发育、孩子逐渐增长的认知能力以及同抚养者之间形成特殊的依恋关系在这里起了作用。

认知和依恋的发展，使得他们积极地回应熟悉的面孔。在6~9个月，孩子开始探索周围的世界，当他遇到一个陌生人时会激起他的焦虑和恐惧，孩子这时会向依恋对象寻求拥抱。

孩子认生虽然很常见，但是不同孩子间仍有差异。经常接触陌生人的孩子，相对于那些很少与陌生人接触的孩子【比如主要是妈妈或祖母（外祖母）抚养，很少出门的孩子】会表现出更少的焦虑。也不是所有的陌生人都会引起孩子的焦虑感，比如年轻的阿姨和小朋友。

⊙ "我不要去幼儿园！"

初入幼儿园的孩子会体验到分离焦虑（separation anxiety），即孩子在同依恋对象分离时表现出的恐惧与戒备反应，一般在6～8月时出现，14～18个月达到顶峰，当依恋对象离开时，孩子会产生困惑，比如"妈妈去哪儿了？是不是不要我了？""妈妈还会回来吗？"对此他还没有办法解答。

孩子的发展是自身能力和环境交互作用的结果，尽管不同孩子的发展阶段顺序一样，但是到达一定发展水平的年龄会有所差异，所以在孩子还没做好分离的准备时，爸爸妈妈不要着急与孩子分离！。

孩子几岁送幼儿园合适呢？孩子哭闹怎么办呢？别说孩子了，第一次送孩子去上幼儿园的妈妈也是百感交集，鼻头酸酸的，遇到这些情况我们应该怎么面对呢？

如同我们上面对依恋发展的描述，孩子在2岁时还在积极地寻求与抚养者的亲近，2岁以后才能逐渐认识到依恋对象也有自己的需求和愿望，交往中要照顾彼此的需求，调整目标，而这个阶段是

需要时间来发展和巩固的。建议父母在孩子3岁后才送孩子去幼儿园，此时他更有力量忍受和家长的分离痛苦。对于有特殊情况的孩子，比如3岁前由长辈抚养，3岁时才接到父母身边的孩子，可以适当晚一些，先建立起和孩子的依恋关系，再准备送孩子去幼儿园。

孩子刚入园的分离焦虑，不仅表现为哭闹，有时也表现为抵抗力低下，容易生病。家长除了照顾好孩子的身体，也要安抚孩子的情绪，尽量按时接送孩子，送孩子时约定好接他的时间，并给他一个拥抱；接孩子时先给一个拥抱和亲吻，表达思念"妈妈/爸爸想你了"。经过一段时间孩子可逐渐适应。如果孩子焦虑的情况非常严重，家长可以酌情考虑晚些时间再入园。

孩子去幼儿园，妈妈也感伤，成人的分离焦虑是怎么回事呢？别着急，或许到了文末你就有了答案。

⊙ "我是哪种孩子？"——谈谈依恋的类型

安思沃斯用陌生情景测试，区分了1～2岁孩子的依恋类型：

安全型依恋（secure attachment）：约占60%，表现为当妈妈在时，会以妈妈为中心进行独自探索，母亲是"安全基地"；当母亲离开时，孩子会有明显的不安；当母亲返回时，孩子会跑上前，要拥抱等。母亲在场时，这类孩子对陌生人很随和大方。

焦虑/抗拒型依恋（resistant attachment）：有约10%～15%的孩子为此类型，他们对母亲表现出一种矛盾的态度，母亲在场时，他们不能自由地探索；在母亲离开前就表现出焦虑；母亲真的离开后，他们表现得非常难过；母亲回来后，他们既想亲近母亲，又表达出对母亲离开的生气，又踢又打，抵抗母亲温暖的安慰。

回避型依恋（avoidant attachment）：约占20%，孩子不接近母亲，母亲离开后，孩子看起来也不难过；当母亲返回时，孩子也没有积极的回应。当母亲在场时，对待陌生人有时随和有时冷漠。

错乱/混乱型依恋（disorganized/disoriented attachment）：有5%～10%的孩子属于此类型，他们表现出不一致、矛盾、混乱的行为，当母亲回来时他们可能在靠近母亲的时候突然跑掉，或者起初非常平静，却突然情绪爆发。他们混乱的行为意味着，他们可能是最没有安全依恋的孩子。

 给孩子足够的安全感：构建安全型的亲子依恋

安全型的亲子依恋才可以构建孩子的安全感。这就要求父母对孩子做出敏锐、积极、恰当的回应。父母如何跟孩子互动呢？

一项研究追踪了孩子从婴儿期到成年期的发展，结果显示，健康的依恋是很多重要品质最有力的预测指标。一个拥有健康依恋的孩子会有更强的学习动力，在学校里做得更好；他们更有自信，具有解决问题的良好技能；他们有更健康的人际关系；他们更独立，并且能很好地面对压力和挫折等。

"心智化"简单地说就是能够把他人和自己的感受理解成一种心理的存在。而物质匮乏时期，许多人把自己和孩子仅看成是生物学的存在。当代精神分析领军人物皮特·冯纳吉强调依恋本身不是目的，他认为孩子在早期的依恋关系中可以理解到他人的心理状态，从而使自我得以充分发展。一个有着良好心智化能力的妈妈能够促进孩子发展出安全型依恋，他可以帮助婴儿调节他的原始情绪，发

展孩子的情绪表达能力，而情绪表达能力是情绪管理的基础。

在母婴分离过程中，孩子会产生很多焦虑和不安。孩子如果从母亲那里获得了足够多的关注、爱和接纳，他慢慢地就会形成这样的信念：我很可爱，我是被爱着的，我是值得爱的。这样，在日后与母亲分离时他才有足够的心理能量支持他走向更广阔的世界。

⊙ 0 互动的状态，当孩子看到一张扑克脸

孩子刚出生就逐渐具有识别面部表情的能力，以此与照料者互动。

在"扑克脸"的实验中，妈妈被要求面无表情地盯着某个点看，孩子首先是有点震惊，不知道妈妈怎么了，然后他会假装咳嗽、微笑、舞动手脚等吸引妈妈的注意，这些尝试都失效后，孩子开始皱眉、哭泣。当母亲重新开始微笑，孩子也会重新用微笑回应妈妈。

这个试验说明了当孩子感受不到来自妈妈的回应时的压力。如果孩子较长时间处于这种没有回应的状态，就会对其心理成长造成伤害。

近年来，不时有产后抑郁的案例见诸报道，这是产妇由于性激素、社会角色及心理变化等所带来的身体、情绪、心理等一系列变化。产妇对自己照顾孩子感到力不从心，一方面对"做妈妈"有过高的要求，另一方面深深地感到自己内心的虚弱，情绪低落，与孩子的互动减少，或者对孩子的哭闹等细节异常焦虑、敏感等。家庭中其他成员不可疏忽大意，要及时带产妇寻求专业医生和心理咨询师的帮助。日常生活中，家人也要多和产妇沟通，分享她的感受。

⊙ 一般母婴互动中都发生了什么呢？

如果我们把孩子的哭声翻译成语言，孩子和母亲沟通的过程大致是这样的：

孩子睡醒了，"啊，不舒服！"然后他开始哭。

这个时候妈妈走过来，她说："宝宝睡醒啦，怎么哭了？"她一边抱起孩子，亲切地看着他，一边检查孩子是因为什么感到不适，是不是尿床了，是不是饿了。根据日常照顾孩子中摸索出的规律，"4点半了，这个点你大概是饿了。""宝宝饿了，要吃奶了。"她把孩子横着抱，准备喂奶。

这时孩子感觉到"我的哭声能把妈妈喊过来，她知道我饿了。我感觉很幸福，妈妈爱我，我是一个值得爱的好宝宝"。孩子对着妈妈露出笑脸。

在这个例子中，孩子把母亲看作一个安全而富有责任感的角色，把自己看作一个有能力影响环境、能够使自己的需求得到满足的角

色。孩子用哭、笑传递自己的情绪状态的信息。母亲能及时理解到这些信息，用语言去标记孩子的情绪并描述出现这种情绪的原因，用肢体的拥抱和抚摸等去安慰孩子，帮助他平复情绪，用喂奶的行动去满足他的需求。在这个互动中，孩子感觉到了妈妈对自己情绪和需要的理解和尊重。这样的经历累积起来就有助于孩子形成安全的依恋，这样的孩子会对生活有信心："如果我能够与外界很好地沟通，我就能找到办法让我的需求得到满足。"

如果没有及时地了解到孩子发出的信号，或者孩子的哭喊激怒了父母，父母会严厉地制止孩子哭泣。孩子看到的是一张生气的面孔，他除了饥饿之外，还增加了恐惧和焦虑，并对父母产生不信任感，在以后出现饥饿感时，他的哭声可能伴随一种矛盾的期待，因为不知道父母会给出一个什么样的回应。

养育的关键是让孩子感受到归属感和价值感，当你和孩子的情感联结很好时，你更容易识别并回应孩子发出的信号，为孩子提供他需要的爱和归属感。

⊙ 新手父母常见的"失控"，你有吗？

我看过很多育儿书，听过很多育儿课，可是面对孩子仍然有很多"问题"，怎么办？无助和挫败感瞬间袭来。

孩子成绩下滑了，要报补习班吗？兴趣班的课程孩子不感兴趣，可是父母觉得很重要，要继续吗？"不能输在起跑线上"这句话像挥之不去的魔咒，时刻悬浮在父母的心头，焦虑呀！

我爱我的孩子，可是当吃饭时喊不到桌前，睡觉时吵着要看电视时，我因忙了一天的工作和生活，在疲惫感的袭击下，有点控制

不住自己的情绪，忍不住朝孩子发火了，自责又后悔。

　　一个人如果过去有未经处理的创伤体验，初为人父母，当孩子哭泣或者失控时，可能会引发父母的紧张、羞愧和无助的体验，这是一种让人难以忍受的感觉。父母的这种无助感很容易宣泄在孩子身上，"当时那个气呀，就得打他一顿才行"。无意间，这种创伤感就在代际间传递。即使我们非常关爱孩子，在面对孩子的哭闹时，我们仍然很难做出恰当的行为，做父母也有矛盾的一面，人际神经生物学家丹尼尔和玛丽称之为"父母的矛盾心理"。

　　如果孩子的行为经常唤起我们情绪上"难以忍受"的反应，而我们没有及时地察觉和反思，就会影响到我们和孩子的相处。有时我们也会避免亲子冲突，故意忽视孩子的情绪，这样又会造成我们与孩子之间情感联结的疏离，孩子也失去理解自己情绪和内心需求的机会。

　　常常有父母说，一想到孩子哇哇大哭，内心就控制不住地紧张，父母对紧张和焦虑的耐受性低，就会对孩子过于敏感或缺乏耐心。父母可以通过反思和分析自己，获得自我成长。成熟的父母更可能帮助孩子形成强烈的自我意识，让他们自由地感受和了解自己的情绪。当孩子哭泣时，如果父母会感到惊慌和愤怒，可以对自己说"这种情绪来自于自己，可能跟孩子无关，而且小孩子嘛，哭泣是他的语言"。父母逐渐认同、接纳以及正视自己和孩子的脆弱与无助，有助于缓解内心的痛苦和烦躁。

⊙ **孩子不自己带可以吗**？

了解非父母养育者带大的孩子是否能够达成安全依恋，得到以下结果：

1. 父亲与孩子形成的联结在有母亲的情况下是"辅助性"的，也就是说父亲的影响是积极的，也很关键。但比母亲和孩子联结的影响力低一些；

2. 完全由非母亲的养育者养育出来的孩子，能获得与母亲养育相同或者略差的依恋关系纽带；

3. 和父母一起带孩子的其他养育者，比如，爷爷奶奶等和孩子的关系不会逆转孩子和父母的关系。

从情感和形成完整的"爱的能力"的角度来说，家庭和爷爷奶奶本身的素质和性格似乎才是问题的关键。如果说依恋联结在老一代和新一代的家庭中差距不明显，父母带出来的孩子和长辈帮忙带的孩子理论上差异不明显。

但也有研究表明，仅由祖父母养育的孩子确实更容易出现心理疾病和行为问题，被诊断出更多情感的障碍。可能很多父母的直觉是对的，孩子能自己带还是要自己带。研究也发现有老人合养，比离异后的单亲家庭自己带孩子要好，并且老人带比丧失双亲的孩子进孤儿院的效果好。由此可见，最重要的是给孩子营造一个尽量健康、完整的家庭。

我们可以从自己的客观现实出发，从今天开始让整个家庭变得更和谐、冲突更少，父母一起面对养育孩子中绕不开的家庭关系问题，创造性地解决问题并给孩子起到良好的示范作用。

3 亲子依恋相关案例解析

孩子经常抱着一个破破烂烂的玩具不撒手怎么办？孩子入园哭闹、非常黏人怎么办？家有二宝，怎么照顾到两个宝宝的需要？隔代抚养时怎么建立亲子依恋关系？

【案例一】抱着玩具小熊不撒手

乔乔从2岁的时候开始，对原来视而不见的玩具小熊，开始着魔般地喜欢，走到哪抱到哪，虽然小熊已被抱得破烂不堪，可他就是对其他漂亮玩具不屑一顾，如果小熊不见了就坐卧不安，一定要找到才罢休；甚至晚上睡觉他也要抱着，一旦发现小熊被拿走他就会"哇哇"大哭，很是让父母困惑不解。这到底是怎么回事呢？

心理学分析

一些细心的家长发现，孩子在某个阶段会特别喜欢某一个东西：一个脏兮兮的小熊，一条旧旧的毯子……这是因为，亲子依恋是婴孩时期很重要的心理需求。亲子依恋的其中一个表现就是，孩子需要与母亲身体接触。在舒适的身体接触中，孩子会得到一种心理上的放松。但孩子与父母会逐渐分离，分离的过程会产生很多焦虑和不安，这时孩子对于外界的安全感就会转移到一些物品上，比如毛绒玩具、小被子、某件衣服等。这些物品不是妈妈，却给孩子带来温暖、柔软、包容、安慰的感觉，在孩子眼中就如妈妈一样安全。

有了这些物品，孩子就能够忍受与妈妈的分离，慢慢地在心理层面成长。

小熊是孩子创造的"妈妈的替代物"，他赋予小熊深厚的情感，小熊就有了"妈妈"的意义和功能。心理学家温尼科特把母婴分离时期这些"孩子不撒手的"玩具称为"过渡性客体"。所谓"过渡"，是指这些物品随着孩子的长大，终将被孩子抛弃，或者孩子将注意力转移到别的对象上。通过过渡客体这样的方式，孩子在其内在世界与外在世界之间创造了一个过渡空间，在这个空间里孩子感到足够安全，并能尝试发展心理功能。

有的父母担心孩子形成"怪癖"，为了不让孩子把注意力集中在特定的物品上，就不断地调换毛巾、毛毯等，或者不断地破坏孩子的癖好、剥夺孩子的"宠物"，这样做给孩子的感觉，就好比不断地把可以安慰自己的"替身妈妈"拿走、把孩子自己身上的一部分拿走一样，父母这样做不仅不能帮助孩子走向成熟，反而可能阻滞孩子发展，因为挫败感会阻碍孩子完成分离。

 优儿学堂 YoKID 支招

（1）过渡客体非常重要，父母要允许它的存在，在孩子入睡前、旅行时都带上它，不要因为脏和旧就给孩子换成新的，尽量不去破坏它在孩子心里的感觉。

（2）孩子"恋物"是一种心理需求的体现，并非病态，这会随着他的成长慢慢消失，一般不要采取粗暴的态度和强制的方式，因为这样会伤害孩子的情感，促使他和父母对着干，反而会适得其反。但这并不意味着父母可以对此不闻不问，尤其是对于那些与孩子相处时间较短的父母来说，更需要多一些情感投入，多陪伴孩子。父母平时可以多拥抱孩子，拍抚孩子的背部和头顶，丰富孩子玩耍的对象，扩展孩子的视野，诱导孩子把注意力和兴趣的对象朝着更为广泛的方向发展。

（3）家长不要强迫孩子分享自己的东西，因为你要求孩子分享的玩具、物品寄托着孩子深厚的情感，如果父母强迫分享，孩子会感觉信任的人背叛了自己，同时他赋予特殊感情的物品也没有了，这对孩子的打击和伤害非常大。

（4）过去存在着一种误区，认为孩子恋物就预示着他长大成人以后会有心理问题。现在的心理学家普遍认为，安全物在孩子发展中起着重要的作用，因为它可以使孩子学会如何在难以应付的环境中自我安慰。如果没有这个"过渡客体"帮助他们完成和妈妈的分离，孩子以后就可能处于和妈妈的"共生"状态。

【案例二】孩子入园分离焦虑

萍萍刚进入幼儿园时，每次送他都是一次折磨：孩子哭闹不肯去，到了之后不让妈妈走，孩子哭，家长也心如刀绞，眼含热泪一步三回首，走出去好远好像还能听到孩子的哭声。妈妈本来以为时间长了孩子就适应了，可是孩子仍旧是讨厌去幼儿园，家里老人心疼孩子，直接就不让孩子去幼儿园了，去幼儿园变成了三天打鱼两天晒网……

心理学分析

孩子初入幼儿园时大哭大闹，抱着家长的腿不让其离开，孩子回到家郁郁寡欢，一听去幼儿园就如临大敌，这种情况常见的原因是分离焦虑。

分离焦虑是指孩子与父母、家庭和熟悉的环境分离而引起的焦虑、不安，或不愉快的情绪反应，又称离别焦虑。具体行为包括：哭闹、沉闷、烦躁、爱发火，有的孩子表现为易生病（感冒、发烧、咳嗽等）。孩子整日缠住父母，担心父母离开自己。孩子不愿上幼儿园，到了幼儿园哭闹，不主动与其他小朋友交往。

心理专家表示，分离焦虑是孩子正常的成长阶段，也是一个过渡阶段，家长不用过于焦虑"该如何使孩子不要哭，黏人"的问题。如果妈妈能够及时和正确地回应孩子，时时表达对孩子的爱，这个时期就会比较顺利地度过。

孩子产生分离焦虑的主要原因通常源自于内心的不安全感。亲近的人从视线中消失，孩子会一下子不安起来：妈妈在哪里？我要找妈妈！妈妈是不是抛弃我了。所以孩子会用喊叫、哭闹来表达自己的焦虑，呼唤妈妈的出现。

 优儿学堂YoKID支招

如何帮助孩子建立安全感，应对分离焦虑呢？

（1）分开的时候告诉孩子你明白他的心情

"宝贝，你是不是不想妈妈离开你呀？妈妈也不想离开宝贝，但是宝贝得上学，妈妈得上班。"

（2）告诉孩子你什么时候来接他（要用孩子能理解的时间概念）

当家长要离开时，告诉孩子自己几点会去接他，要说到做到；如果不确定时间，可以说"妈妈晚一点就会来接你，你要乖乖听话！"家长不要什么都不说或偷偷离开，因为孩子会惶恐不安，感觉被抛弃了。家长可以这样说"宝贝，等你吃完第三顿饭的时候妈妈就来接你，好吗？"

（3）抱抱孩子，给他一个吻，然后离开

对于刚入园不久的 3～4 岁的孩子，要让孩子逐步适应与主要抚养人分离。例如刚入园时家长可以陪着他去，等到孩子逐渐适应了新环境，玩得不亦乐乎时，家长再跟孩子说再见。家长离开的时候抱抱孩子，再给孩子一个爱的亲吻。家长还可以让孩子带一件他喜欢的

玩具去幼儿园，这也能缓解一下孩子的伤心情绪。

（4）离开时，一定要当机立断

初步安抚孩子之后，家长要当机立断地离开，不能因为孩子哭闹而犹豫不决，甚至再回去抱孩子，甚至任由孩子不去幼儿园。父母在该离开时不离开会影响到孩子的发展与其社会化的进程。

刚开始分离时孩子很焦虑是正常的，父母可以明确地告诉孩子分离只是暂时的，并且按照承诺准时去接他回家，给孩子一颗"定心丸"。时间久了，孩子就逐渐适应了。

【案例三】"大宝""二宝"吃醋争宠

5岁的琼琼对于妹妹的出生很不高兴，经常故意抢妹妹的玩具，或者偷偷捏她的屁股把她弄哭，不仅如此，她自己也状况百出，在幼儿园欺负小朋友、尿裤子等状况频发。晚上睡觉前她经常讨价还价，要家长陪着睡……这到底是孩子越来越不懂事还是家长教育方法不得当呢？

心理学分析

家里新增加了家庭成员"二宝"，是一件非常开心的事情。大家的注意力大都集中在"二宝"身上，"大宝"的心里就会发生一些变化：父母是不是不爱我了？

尤其当"大宝"发现曾经专属自己的爱被弟弟／妹妹分享，他的安全感受到威胁时，"大宝"就容易产生焦虑不安、嫉妒或失落等消极情绪，甚至出现生活自理能力退化等异常的行为，以此来引起大人的注意或宣泄内心的苦闷。

孩子表面上嫉妒、讨厌弟弟／妹妹，实际是想确认父母是否依然爱自己，这种爱会不会因为弟弟／妹妹的到来而减少。如果这个时候父母在语言和行为上都给予"大宝"肯定的回答，并帮助他们发展出"我值得人爱"的内心信念，那么，每个"大宝"都可以顺利度过第二个孩子出生带给他们的心理冲击。怎样解决第一个孩子的"醋意"，陪伴他释放"失宠"的不满，接纳并喜欢上家中的新成员呢？

 **优儿学堂 YoKID 支招**

（1）提前将第二个孩子即将出生的消息告诉"大宝"，让他在语言的世界里感知家庭即将发生的变化。你可以对孩子说："我们家里就要有新宝宝出生了，等到这个冬天的时候，我们就可以见到他了。"

（2）如果"大宝"的负面情绪很明显，父母可以接纳他，而不是惩罚或者试图马上改变孩子的想法。比如孩子说："我一点儿都不喜欢弟弟／妹妹！"父母不要批评孩子或者强迫孩子说"爱弟弟妹妹"的话，那样只会让孩子开始怀疑身边所有对他说"我爱你"的人。态度温和地告诉孩子"没关系，你有权利不喜欢弟弟／妹妹"。

（3）"大宝"可能会因为父母照顾"二宝"，自己被父母忽视而情绪低落，父母要告诉孩子："爸爸妈妈对你的爱一点都没有变，只是爱你和爱弟弟／妹妹的方式不一样，现在他／她太小了，需要我们的照顾。你在这么大的时候，妈妈做过……那时候你……"要让他／她确信，自己也曾经被父母如此这般地照顾过。

（4）父母可以预留出和"大宝"单独相处的时间和空间，让"大宝"感受到父母没有因为弟弟／妹妹的出生而减少对他的爱。建议父母经常用语言和身体表达对他的爱。或者父母可以经常邀请"大宝"一起参与照顾"二宝"，夸赞"大宝"的友爱、照顾行为，这样也会让"大宝"感受到自己的重要性和价值感。

（5）当父母发现"大宝"欺负"二宝"时，一定要坚决制止他。让孩子知道他可以有不满的情绪，但不能伤害别人。

（6）有些孩子会在一段时间里退行到以前的状态，比如，已经不尿裤子的孩子突然又尿裤子了。别担心，孩子只是在试图表现出父母喜欢的样子（在他们眼里，好像父母更喜欢婴儿）。父母多欣赏、肯定"大宝"的点滴成长，比如，在他们自己系好鞋带、收拾好书包时及时赞扬。

（7）如果有朋友到家里做客，提醒他在给"二宝"准备礼物的同时，别忘了给"大宝"也准备一份适合他年龄的礼物。

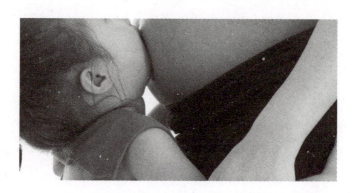

【案例四】分房焦虑

乐乐差不多 3 岁了，妈妈开始尝试着慢慢让他分房睡，可是这竟然有说不出的难。父母刚关灯躺下，就听见"咚咚"的敲门声，乐乐一会说他房间里有小蚂蚁，一会说他有玩具落在妈妈房间里了……父母忍住情绪一次次地安抚孩子，终于安顿好孩子入睡，父母一颗悬着的心才放了下来。可是第二天一早，竟然看到乐乐蜷缩在爸妈房间的门口睡得正酣，妈妈一阵心酸，分房睡的计划以失败告终。很多父母都会遇上孩子分房睡的困难，到底怎么做能顺利？

心理学分析

孩子和父母分房睡觉时出现困难，原因在于孩子对妈妈的依恋是原始的本能，孩子会舍不得离开妈妈。和父母分开，没有了父母的陪伴时，孩子会恐惧不安：害怕黑暗，害怕孤独，害怕想象中的人和事物，这也是孩子特别拒绝独睡的原因。他甚至会觉得妈妈不喜欢自己了，因而情感失落，引起较大的情绪波动。

到底几岁分房睡合适呢？一般来说，父母可以从孩子 3 岁后慢慢尝试跟孩子分房睡，到 5～6 岁前完成这一过程比较合适。孩子太小就跟父母分开睡，通常会让孩子缺乏安全感，可能会产生被妈妈抛弃的感觉。3 岁前的孩子完全没有独立生存的能力，没有父母的陪伴睡觉他会害怕，太早分房睡可能会影响宝宝的性格和交往能力。太晚和孩子分房睡也不好。根据弗洛伊德的发展理论，4～6岁是性萌芽期，孩子开始意识到男女之间的性别差异，如果太晚跟父母分房睡，也会对孩子的心理健康造成影响。

 优儿学堂 YoKID 支招

跟孩子分房睡，掌握这几个技巧会变得轻松：

（1）从分床不分房开始

操之过急会让孩子缺乏安全感，产生恐惧，所以一开始可以通过分床不分房的方法，让孩子慢慢适应和过渡。

（2）和孩子分房睡时，父母先不要锁房门

如果条件允许，父母睡觉时可打开房门，让孩子在自己的视线范围内，以便随时观察孩子的情况。父母睡觉时也尽量不要反锁房门，以便孩子半夜害怕能随时进来，让孩子睡得更安心。

（3）床上放孩子熟悉的玩具和被褥

一下子让孩子到新的房间单独睡觉，可能会感到陌生和不安，父母可以将孩子平时玩的玩具布置在房间内，并铺上孩子平时用的被褥。有了熟悉物品的陪伴，孩子可以消除些许孤独感。

（4）睡前陪伴给孩子讲故事

父母在孩子睡前陪伴孩子，给孩子讲讲故事、玩玩小游戏、说说悄悄话，让孩子感觉即使分房了，父母还是疼爱自己的，这有利于孩子接受跟父母分房睡的事实。

（5）跟孩子来个小约定

父母可以提前与孩子做个约定，比如在孩子生病、难过的时候，他可以回来跟父母一起睡，但孩子平时要遵守这个规矩，没有特殊情况不能犯规。父母不能由于心软屡屡犯规，这样会导致分房睡越来越难。

【案例五】过度依赖爱黏人

小熙特别爱黏着妈妈，可以说是妈妈的"小跟屁虫"。妈妈上厕所时她跟着，妈妈洗澡时他也跟着，妈妈上班时他不让走，下班回来后他就紧紧地跟在妈妈身后，好像一转眼妈妈就会不见似的。只要妈妈在场，小熙就不让别人抱，妈妈离开他就大哭大闹。妈妈觉得小熙太"黏人"，依赖性太强，他不耐烦地把孩子推开，想教训孩子一顿，以锻炼小熙的独立性，但是看他哭得那么厉害，妈妈又犹豫了：这样对孩子好还是不好？

心理学分析

很多父母会发现，孩子在2岁左右的时候，特别黏人，父母去哪儿他们去哪儿。为什么孩子在这个时候会有这样的表现呢？这是因为孩子开始和成人建立依恋关系了。心理研究指出，婴孩时期（0～6岁），是孩子与父母（或其他抚养人）形成安全依恋和信任关系的关键时期。如果孩子能和成人发展出安全的依恋关系，将来对他的人际关系会有正面的影响。

孩子期建立的安全型依恋关系，会让孩子有安全感：他可以信任妈妈，妈妈会在他有需要的时候出现，并对他做出积极的回应。这种安全感会帮助他更好地与其他人进行社会交往：他学会信任他人，知道当自己有困难时，可以寻求别人的帮助。而且从妈妈那里学会的情绪能力（如何理解自己的情绪，如何分析自己所遭遇的事情）都是未来面对困难的心理资本。

优儿学堂 YoKID 支招

怎么做才能帮助孩子建立安全型的依恋关系呢？

（1）关注孩子的情绪需求，"有求必应"

孩子有情绪的时候，家长可能会很烦躁，但也请家长保持一颗平和的心，耐心地跟孩子交流，家长不要把孩子推开，也不要赶紧躲得远远的。"有求必应"不是说要什么给什么，而是对于孩子的情绪要理解，及时回应。用行动告诉孩子当他需要你的时候，你就会出现，给孩子建立安全感。家长千万别拿"妈妈不要你了""再不听话就把你送走"这些话来逗孩子或吓唬孩子，这些话容易让孩子缺失安全感。

（2）如果过去做得不够好，尽快采取补救行为

有研究表明，即使在孩子小的时候没有建立安全型依恋也没关系，如果后期父母特别关心孩子的情绪反应，非常用心地和孩子建立稳固的亲子关系，对孩子还是很有帮助的。

（3）高效地陪伴孩子

父母不仅仅在形式上和孩子在一起，还要多和孩子交流，分享孩子的快乐和梦想、情感上的难过和忧伤。

（4）建立良好的婚姻关系

父母尽量不要在孩子面前争吵，父母融洽、和谐、美满、幸福的婚姻，才能让孩子在心理上觉得更为安全。

【案例六】与妈妈不亲近真伤心

皮皮在出生6个月后，就被父母放到奶奶家。皮皮5岁时，父母把他接回来和自己一起住。妈妈总感觉皮皮和自己之间有些生疏。皮皮禁不住妈妈的批评，一听就哭。他和奶奶非常亲，有什么事都爱打电话找奶奶诉说。看见皮皮这样，妈妈心里既嫉妒，又心痛内疚，毕竟自己陪伴皮皮太少了。

心理学分析

0～6岁，是孩子和主要的抚养者建立亲密依恋关系的关键时期。这个抚养者通常是爸爸妈妈，但是现在很多年轻的夫妻因为工作原因，在孩子很小的时候就把孩子寄养到老人家里照顾。孩子自然就会和奶奶建立依恋关系：信任奶奶，有奶奶在就有安全感。

父母如果没有与孩子形成好的依恋关系该怎么办呢？一般认为，孩子在 5 岁前回到父母身边就还来得及，孩子对妈妈的需求可能因为客观条件的原因被压抑或不得不延后满足，只要妈妈在和孩子相处的过程中，给予孩子无条件的接纳、欣赏，并适当地增加与孩子的身体接触，比如温暖地拥抱、轻柔地抚慰、细心地照料等，孩子仍旧可以建立对妈妈的依恋关系。需要提醒父母的是，这个依恋关系建立的过程可能需要花费很多时间，父母需要给予孩子更多的耐心。

优儿学堂 YoKID 支招

父母发自内心地去接纳和欣赏孩子，用平和、坚定、温暖的心去引导孩子，孩子会慢慢和父母亲近。

（1）给予孩子足够的时间来感受父母的爱

孩子刚回到父母身边时，不要急于向孩子表达亲密感或要求孩子对自己有亲密的表示，避免引起孩子的焦虑和害怕，给孩子一个逐渐适应和接纳的时间。

（2）父母要做好心理准备，"任务"艰巨

与不是自己带大的孩子建立良性的依恋关系是一项复杂而艰巨的任务。我们要有足够的耐心，要付出数倍于自己从小带孩子的精力，才能让孩子重新建立起对父母的信赖和依恋。父母要充分理解孩子，给孩子一个充足的缓冲时间和良好氛围。

（3）保留并欣赏孩子从爷爷奶奶家带来的物品

孩子从爷爷奶奶那儿带来的旧手帕、毛绒玩具要暂时保留，并和孩子一样喜欢、欣赏这些物品。这些东西对孩子来说是一种对爷爷奶奶依恋的替代品，留在孩子身边会让他更有安全感。

（4）创造机会让孩子经常与老人见面

家长可以把爷爷奶奶接到家里生活一段时间，或者常带孩子去爷爷奶奶家看看，这样孩子对老人的依恋会逐渐递减，逐步建立与父母的亲密关系。千万不要当着孩子的面对老人评头论足，这样会使孩子在内心深处产生对父母的不信任。

（5）不要急于纠正孩子的不足

孩子某些行为、习惯可能让你不满意，父母不要忙着纠正，这样会使孩子没有安全感。在相对长一点的时间里父母要尽量避免批评孩子，如果有什么事非说不可，你可以这样说："孩子你这样做很不错啊，不过，妈妈还有一种方法，你想不想试试？"

心理测试——依恋类型测试

下面是一份测试孩子依恋类型的小问卷，每题回答"是"计 1 分，"否"计 0 分。如果孩子的主要抚养人为其他人，如爷爷奶奶时，问卷中的"妈妈"理解为"爷爷奶奶"即可。

1. 与妈妈分离时，会哭泣或表现出不安，但能很快安静下来。

2. 妈妈回家时，仍专注于自己的活动，很少表现出很高兴的样子。

3. 喜欢缠着妈妈，不愿意自己一个人玩耍。

4. 哭闹或受惊吓时，在妈妈的安慰下，能很快安静下来。

5. 虽然是陌生人的逗弄，仍会露出笑容。

6. 与妈妈分离时，表现出强烈的不安，哭闹不停，很难平静下来。

7. 妈妈回家时会很高兴，喜欢与妈妈一起玩，愿意和妈妈分享玩具与食品。

8. 对妈妈的离开漠不关心，很少表现出哭泣、不安的情绪。

9. 即使在家中，也很难接受陌生人的亲近。

10. 去新的环境，刚开始可能比较拘谨，但不到 10 分钟就可自在地独自玩耍。

11. 能够很容易地让不熟悉的人带出去玩。

12. 在不熟悉的环境中，虽然父母在身边，仍表现得很拘谨，不愿独自玩或与别的小朋友一起玩。

13. 能在妈妈身边独自玩耍，不时会向妈妈微笑或与妈妈说话。

14. 与妈妈在一起时，很少关注妈妈在做什么，只顾自己玩玩具。

15. 与妈妈重聚时，紧紧缠在妈妈身边，生怕妈妈再次离开，怎么安慰都没有用。

16. 在妈妈的鼓励下，能比较放松地在陌生场合表演节目。

17. 一般不会主动寻求妈妈的拥抱，或与妈妈亲近。

18. 在哭闹时，要花很长的时间才能平静下来。

19. 在妈妈的鼓励下，能很快和陌生的成人玩耍或说话。

20. 不怕生，第一次去别人家里，就能自在地玩耍。

21. 与妈妈重聚时，有时会表现出生气、反抗、踢打妈妈的行为。

计分：

1、4、7、10、13、16、19 题的分数相加是安全型依恋的分数；

2、5、8、11、14、17、20 题的分数相加是回避型依恋的分数；

3、6、9、12、15、18、21 题的分数相加是反抗型依恋的分数。

哪组得分高即代表宝宝属于哪种依恋类型。

安全型依恋的孩子具有很强的探索欲望，能主动与别的小朋友分享玩具，友好地在一起玩耍，很少有反常的行为问题。回避型依恋的孩子容易出现外显的行为问题，如攻击性比较强、经常抢夺别的小朋友的玩具、欺负别的小朋友等。反抗型依恋的孩子容易出现内隐行为问题，如情绪抑郁、胆小、退缩、缺乏好奇心和探索欲望等。

　　和孩子的关系伴随了我们整个的教养过程，帮助孩子树立规则、教会他们学习情绪调节、确立自我认知， 以及往后的社会适应、克服生活和学习上的困难等都是在亲子关系的氛围中完成的。良好的亲子关系能帮助我们更顺利地完成对孩子的养育。

第 2 章
情绪发展篇

　　情绪反映了个体内心的需求是否被满足的状态。我们通过情绪和他人交流，通过分享体验和情绪和他人建立关系。一个人的情绪能力体现在三个方面：理解情绪、表达情绪和调节情绪。那怎样提高孩子的情绪能力呢?

1 宝宝心里苦啊——解读学龄前孩子的情绪发展

"我的孩子动不动就发脾气，又哭又闹，怎么劝都不管用，我也忍不住要发火了"。

"我家宝宝4岁了，非常怕黑，晚上不敢单独睡，要拉着妈妈的手才肯入睡。"

"宝宝爱哭怎么办呀？一点点小事就抹眼泪……"

"小福最近总爱说脏话，我批评了他，没有改正不说，反而越说越带劲了，是我批评得不够严厉吗？"

家长们总是不能理解，为什么我的宝宝会这样？为什么他不能按照我的意思去行动？为什么我总教不会他懂礼貌？

孩子的这些行为，一般是他的情绪在"作怪"，父母理解孩子的情绪发展规律才能更好地安抚孩子。

⊙ 情绪是什么呢？

情绪是人对知觉到的独特处境的反应，具有广泛的内涵，包括情绪体验、面部表情、生理唤醒、认知过程、行为反应等方面。情绪是人脑对客观外界事物与自身需求之间关系的反应。

⊙ 情绪从哪里来？

在我们的大脑和身体中，情绪的产生和控制是一个复杂的生理和认知过程。我们的情绪反应主要由大脑的边缘系统产生；负责认知的前额叶皮质则主要参与我们的情绪调节。这两个部位就好比是一辆汽车的油门和刹车，保证我们既能感受到情绪又能适当控制情

绪。我们的身体也会随情绪而变化，比如愤怒时心跳加快。

认知在我们的情绪调节中非常重要，根据情绪的 ABC 理论，对于同样一件事情，不同的观念（认知）会导致不同的情绪体验和行为结果。

比如，孩子失手把水杯打破了。这样一个情景进入我们的大脑，传递到边缘系统，边缘系统产生了情绪反应，我们可能会不开心。这个时候，我们的认知也在前额叶工作，如果我们认为："这个臭小子，昨天刚刚打破了一个杯子被批评了一通，今天就又把新杯子打破了，怎么这么不长记性呢？"这么一想，那可想而知，接下来父母肯定是会暴怒的。但是如果我们认为："小孩子嘛，难免会毛手毛脚，没什么大不了的。"这样想的父母的情绪就能很好地平复了。

尽管认知在我们的情绪管理中这么重要，但是前额叶皮质一般要到 25 岁左右才会成熟，而且大脑中通向边缘系统的回路很短，情绪的产生是非常迅速的，实际上在我们"发脾气"时，大脑的前额叶很可能是"短路"的，成人在发脾气时也很难保持思考。从这一点上说，孩子的情绪调节能力差是完全可以理解的，父母要给孩子留出发泄情绪的空间，接纳孩子的负性情绪。

我们一般把情绪区分为积极情绪（正性情绪）和消极情绪（负性情绪）。一般来说，积极情绪让人舒服，如高兴、兴奋、快乐、满足、轻松等；消极情绪令人不舒服，如愤怒、悲伤、害怕、沮丧、紧张等。喜欢积极情绪，不喜欢消极情绪——这是人之常情。但情绪本身并无好坏之分，每一种情绪都有其存在的意义。比如，恐惧让我们警觉，促使我们远离危险，愤怒让我们为自己抗争，悲伤哭泣能减轻我们的压力，也能让我们在失落中获得他人的帮助。

⊙ 情绪都有哪些作用？

情绪的重要功能主要有以下四点：

（1）情绪可以帮助我们适应与生存

比如，刚出生的孩子不具备独立生存的能力，他需要父母的照顾。孩子饿的时候会哭，感到舒适时会微笑。情绪可以让父母了解到孩子的需求及需求是否被满足。情绪帮助孩子适应环境并生存下来。

（2）情绪有动机功能

设想你去餐厅吃饭，吃下第一口发现菜品已经变质了，你既生气又失望，要求餐厅退款或免单。在这种不满的情绪下，你甚至决心以后再也不光顾这家餐厅，这就是情绪的动机功能。

（3）情绪对我们的行为有着组织的功能

情绪可以带来生理唤醒，回想一下我们上学时考试的经历，平静而专注的状态让我们发挥出色，而高度紧张的状态可能让我们考得一团糟。适度的生理唤醒对我们的行为表现很有利。

（4）情绪还有信号功能

情绪具有在人际间传递信息的功能，这个功能一般是通过表情、语气或行为来实现的。比如，看见某人生气，我们会想要远离，而一张笑脸会让我们愿意与之亲近。

不管是哪一种情绪，对孩子的成长都有重要的意义。情绪反映了客观世界和我们内在需求的关系，孩子在需求没有得到满足时会表现出愤怒，在体会到自己的能力时会感到骄傲，作为父母，我们要引导孩子采用正确的方式释放和处理情绪。面对负性情绪时，阻碍负性情绪的表达可能会造成情绪困扰。那怎样帮助孩子面对负性情绪呢？

② 帮孩子做情绪的小主人：引导孩子正确面对负性情绪

孩子负性情绪爆发的时候——比如孩子无理取闹、发脾气、小朋友之间闹矛盾等——是孩子学习情绪调节的好机会，但这也是父母最为崩溃的时候。所以理清自己的情绪，尽快让自己冷静下来，帮助孩子正确处理消极情绪，并借助这些机会培养和发展孩子调整情绪的能力，是父母们的必修课。

⊙ 必修技能：共情

不要因为孩子脾气大、易情绪化，就说孩子性格不好。家长要站在孩子的角度去理解和接纳孩子的感受，体会孩子情绪背后真正的需求，正确解读孩子的情绪信号，这在心理学上叫做共情或同理心。共情是帮助孩子进行情绪管理的基础。

孩子的情绪背后时常有不同的原因，父母可以从以下三点来理解孩子，提高自己的共情能力。

第一，有时候孩子想做的事情做不到，会产生挫败感，又不会用言语表达，就可能表现为哭闹。2～6岁的孩子表现得有些情绪化，这对他们来说是正常的。

2岁的孩子想搭一个很高的积木，但是一不小心，积木塌了，孩子很不开心。这时候父母如果细心观察到了这个情景，就可以温和地抱抱孩子，说："宝宝的积木塌了，宝宝感觉很难过，对不对？"要是父母猜对了孩子的情绪，孩子通常会回答"是的"，或者虽然说着"不是"，但是脸上会露出笑容，被理解的感觉就是这么好。通常这种时候不需要父母为孩子解决什么问题。

第二，孩子常常选择不恰当的方式表达自己的感受，这不是因为他们"坏"或有恶意，也不是故意跟父母对着干，而是因为他们面对强烈的情绪时有些手足无措，他们既不理解这些情绪，也不知道该怎么做才能感觉好一些。孩子表达情绪的方式通常也是含糊不清的，容易令父母感到困惑，因为他还没有能力向父母准确表达他的感受。

孩子在闹情绪、发脾气的时候，与其把他们看成是表现不好的孩子，不如将他们看作是需要帮助的孩子。这时父母需要耐心一些，解读孩子的非言语信息，对孩子表达父母理解到他的感受。

第三，还有些时候孩子情绪不好是在寻求父母的关注，他们可能有一些需要没有被满足，或者有一些错误的观念，认为只有父母随时随地关注我，为我忙得团团转，我才是真正被爱的。

女儿拿着在幼儿园画的画来给妈妈看，但妈妈正忙着做饭，她没有停下手中的活儿，头也不抬地说："真棒！你是一个小画家了。"女儿就不说话了。一会儿开饭的时候，女儿可能会"宣布"她肚子疼不想吃饭，父母可能会觉得女儿在"故意跟我们对着干"。如果父母因此去惩罚孩子，反而会让已经不开心的孩子感觉更糟糕。

在这个例子中，父母没能发现孩子需要的爱没得到满足——"我

没有晚饭重要，妈妈并不爱我"。孩子对父母的非言语信息很敏感。父母的表情、语气的重要性甚至超过了父母说的话。其实父母不论如何注意，都难免会让孩子感觉有些"伤心"或者"父母不爱我"。此时，父母可蹲下来和孩子平视，或者抱着孩子问问："是不是你有些时候觉得妈妈不爱你呀？能不能跟妈妈说说，为什么你觉得我不爱你呢？"跟孩子的谈话以"我爱你"结束是再好不过的了。

如果孩子的负性情绪能得到父母的理解，而不被父母忽略、误解甚至惩罚，孩子就能接纳自己真实的情绪，并逐渐具备良好的情绪调节能力；在此过程中孩子也会感受到安全感，拥有自尊，这些都是孩子未来幸福生活的基石。

⊙ 情绪处理工具箱

我们所说的情绪能力，通常包括三部分：理解情绪的能力、表达情绪的能力和调控情绪的能力。有心理学研究显示，情绪能力的发展与主观幸福感、健康、高质量的社会关系以及就业状况等都有一定关系。培养孩子的情绪能力是帮助孩子拥有快乐生活的途径之一。

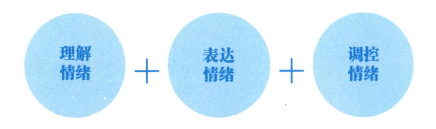

理解情绪 ＋ 表达情绪 ＋ 调控情绪

⊙ 如何培养孩子理解情绪的能力？

（1）为情绪命名

在孩子年龄较小的时候，还不能清晰地意识到自己的情绪，也缺乏准确描述感受的词汇。这个时候父母可以帮助孩子发展情绪词汇。基本的方法是：父母通过观察和倾听注意到孩子的感受，并用平静而准确的话语说出这些感受。

（2）为情绪提供原因和线索

父母把自己变成孩子情绪和行为的解说员，给孩子提供丰富的语言环境和情绪线索。

还是上面搭积木的例子，在孩子因为积木塌掉而闹情绪时，父母可以说："宝宝想把积木搭得很高很高，这很不容易。现在积木塌掉了，宝宝感到很难过。"这时候孩子不需要回应父母的语言就可以从中获益，因为父母不但传递了对孩子行为的兴趣和关注，还表达了对孩子情绪的理解。孩子会逐渐意识到"原来这种不开心的情绪叫做'难过'，是因为我想搭的积木塌了引起的"。我们不但要让孩子了解这种情绪，还要让孩子认识到这种情绪是什么事情引发的。

这两种方法的目的是给孩子的情绪"贴一个标签"，给出情绪的名称和前因后果，这样孩子不但能理解这种情绪叫什么，还可以知道这种情绪发生在什么时候，增强孩子对自己情绪状态的感知能力和可控的感觉。下次出现类似的情况时，孩子也许就不会情绪失控，而是可以说"我很难过"了。

（3）理解情绪带来的生理反应

父母还可以帮助孩子理解情绪带来的生理反应，比如，孩子因为玩具被抢了而大发脾气，最终出手打了小朋友，两个孩子都大哭起来。父母可以在孩子冷静下来之后，问问孩子"你生气的时候，有没有注意到自己的身体有什么变化？"父母可以帮助孩子认识到他刚才双拳紧握、脸发热，噘着嘴的状态叫"生气"。父母还可以告诉孩子在这种时候怎么做会感觉好一点，比如深呼吸、跺跺脚、转移注意力、跑跑步什么的，或者大声地说出自己的感受"我生气了"。

借助绘本理解情绪

父母平时可以准备一些符合孩子年龄的绘本或故事书。市面上有些绘本是专门给孩子讲解情绪的，绘本里有人物和情节。父母可以跟孩子一起阅读，读到相关内容，可以问问孩子："你觉得主人公会如何感觉？""你觉得他接下来会做什么呢？"也可以跟孩子强调主人公的情绪："大灰狼到门外啦，小猪们很害怕。"家长可以帮助孩子从人物的表情、肢体动作和语言等线索中理解情绪，或者家长和孩子可以依据绘本的情节，进行角色扮演的游戏，让孩子更真切地感受到角色的情绪和感受，培养孩子的同理心。

如果父母经常对孩子的情绪表示理解，也经常教孩子描述情绪的词汇，或者在日常的谈话中父母主动分享自己的情绪，接纳孩子的负性情绪，孩子就比较容易学会用语言来表达情绪。接下来我们看看如何培养孩子的情绪表达能力。

⊙ **如何培养孩子的情绪表达能力**？

（1）合理地表达情绪和需求

情绪教育的理念：孩子有任何感受都是可以的，但要用恰当的方式表达。

情绪教育的目标：不是让孩子从此不发脾气，而是教会他们用正确合理的方式表达。

情绪教育的重点：告诉孩子在有负性情绪时，做什么是合理或有效的。

孩子经常用不恰当的方式来表达自己的情绪，这是正常的，因为他没有更好的办法。家长不用过分担心，因为合理表达情绪是一个需要学习的过程。

（2）什么样的情绪表达方式是合理的？

父母可以参考这个标准，来决定孩子表达情绪的方式是否合理：

①不能伤害别人；

②不能伤害自己；

③不能损坏财物。

当孩子用不合理的方式发脾气时，比如，扔东西、打他人，父母需要制止孩子，但不要打他。父母可以温和而坚定地抓住孩子的手，把他抱起来，跟他说："爸爸/妈妈知道你很难过，我理解。但是不能打人/不能扔东西。"温柔而有力的拥抱可以让孩子平静下来。父母在培养孩子的情绪表达能力上多花一点时间，未来可以减少大量亲子大战的时间。

停止这些无效的方法吧

常常听到父母跟孩子说："不许哭""不许闹""不许打小朋友"，这些不是有效的方法，孩子可能会理解为"不许伤心""不许生气"，导致对自己的情绪产生压抑或内疚。父母需要帮助孩子学会用语言说出自己的情绪和需求，而不是阻碍孩子情绪的表达。

当孩子有摔东西、打人等不良的情绪表达行为时，很多父母会采用骂人、惩罚、揍孩子的方式来制止孩子的行为，这样的处理不仅引发亲子冲突，还给了孩子一个"强权即真理"的坏榜样：父母示范了用暴力和骂人可以解决问题。父母这个时候要做的是用平和的语言去引导孩子："我知道小朋友抢你的玩具，你很生气，但不可以去打人。你可以大声说'你抢我的玩具，我很生气'或者'我等一下就给你玩'。"

父母在日常沟通中多分享情绪类信息，也要多鼓励孩子用语言来表达自己的需求，比如"你哭的时候爸妈并不知道你想要什么，能不能说给爸妈听呀"。

⊙ **如何培养孩子的情绪调控能力**？

告诉孩子如何合理表达情绪还不够，父母还要教会孩子怎样调控情绪，比如启发孩子思考解决问题的方法，或者引导孩子通过转变看法来调控情绪。

（1）启发孩子找到解决办法

在刚才因玩具而产生纠纷的例子中，父母可以说："我知道你很喜欢这个玩具，可是幼儿园里只有一个，小朋友和你一样喜欢，你能不能想一个办法，解决这个难题呢？"引导在孩子冷静下来后才会起作用，孩子和父母一样，发脾气的时候很难思考。孩子想到的解决办法，有时会出乎父母的意料，孩子可能会说："那我们轮流玩"或者"他可以用别的玩具跟我换"。

（2）引导孩子转变看法

我们知道情绪也受到认知的影响。虽然学龄前孩子的思维还不能脱离具体事物，但父母也可以尝试引导孩子通过转变看法来调控情绪。比如周末下雨了，孩子不能出门玩，很不开心，父母可以说"下雨也有好处呀，我们可以在家一起做游戏，等雨停了出门去玩水"。换一个想法，孩子就可能破涕为笑。对成年人来说，转变思维也是很好的情绪调控方式。

3 学龄前孩子情绪管理相关案例解析

学龄前孩子常见的情绪状态有乱发脾气、怕黑、爱哭、说脏话、怕生以及爱打人等，接下来我们会分析几个宝宝的案例，帮助家长了解孩子出现这些情绪状态的原因，以及家长应该怎么做。

【案例一】乱发脾气有原因

小优是一个人见人爱的小男孩，可就是脾气太大了，但凡遇到一点不顺心的事情就大哭大叫，甚至扔东西、摔玩具。妈妈深知不能娇纵孩子，尝试了各种办法：讲道理——收效甚微；惩罚——貌似作用也不大；威胁——孩子哭得稀里哗啦，嘴上说以后改，可下次依旧如此。似乎孩子对妈妈的教育充耳不闻。家长应该怎样对待这样的孩子呢？

心理学分析

乱发脾气是2～6岁孩子常见的一种问题行为，通常发生在大人拒绝孩子的要求后，孩子感受到挫折感，容易大发脾气，表现为哭闹、摔玩具，甚至打人等任性行为。

根据埃里克森的心理发展理论，孩子在1.5～4岁期间，正处在"自主对害羞（或怀疑）"的心理发展阶段，这个阶段的孩子自我意识开始萌芽，不再愿意接受大人的支配和安排，喜欢自己去尝试。有尝试就会有挫折，当孩子的需求得不到满足的时候，受自身语言能力和情绪能力发展的限制，发脾气和哭闹就成为孩子表达愤怒的直接方式。这个阶段正是提高孩子情绪管理能力的关键时期，教会孩子识别自己的情绪、恰当地表达情绪、合理地调控情绪是父母面临的主要任务。

孩子乱发脾气的另一个重要原因是抚养者的妥协和让步。抚养者在面对孩子提出的不合理要求时，可能开始会拒绝，但往往拗不过孩子，最终选择妥协和让步，让孩子乱发脾气的行为得逞。孩子学到"原来哭闹、发脾气后就能得到满足"，他们可能会频频使用这个方法来达到目的。

优儿学堂 YoKID 支招

（1）父母要先理清哪些是自己的情绪

孩子哭闹发脾气时，父母本身也会有负面情绪：认为孩子是在无理取闹，故意跟自己作对；感到自己对孩子的教育很失败，因此很受挫；甚至觉得孩子的这种表现让自己在朋友面前很没面子，等

等。很多时候我们是因为自身的情绪问题而指责批评孩子。所以理清自己的情绪，平复心情，才能冷静地处理孩子的行为问题。实际上，孩子很少故意做出不良行为，成年人对孩子行为本意的错误解读，一般反映的是成年人的想法，而不是孩子的想法。

（2）帮助孩子处理情绪

第一步，先让孩子冷静下来。可以在家里设置一个"安全岛"（一个安静舒适的角落），情绪激动的家庭成员可以独自去这里冷静。在孩子冷静期间，建议家长不要去安抚或指责孩子，此时的安抚或指责会助长孩子的叛逆行为。坚持住，直到孩子安静下来。

第二步，理解孩子的情绪感受。可以跟孩子说"你刚才摔玩具、扔东西，是不是非常生气？"，给孩子传达一个信息：妈妈理解我，并且我生气是被允许的。当孩子感受到妈妈对他的理解时，他的情绪会平复很多。

第三步，当孩子情绪基本平复时，继续跟孩子沟通，让孩子认识到哭闹是错误的表达方式或者他的需求是不合理的。比如，可以说："妈妈理解你的感受，但是哭闹、发脾气不能解决问题，而且总玩手机对眼睛不好。"

第四步，和孩子一起寻求解决办法和替代活动，比如，告诉孩子："生气的时候如果不知道怎么表达，可以大声喊出来'我很生气、我不喜欢你们这样'，也可以跺跺脚，或者抱抱妈妈。乱发脾气肯定是不对的，你想一想还可以用什么方式来表达呢？（比如画画、跳跃、击打枕头、跑步，等等，尽可能地去尊重孩子的想法。）那我们不玩手机了，一起做游戏好不好？"

（3）父母要做好榜样

父母是孩子的第一任老师，你的一言一行都是孩子的榜样，你是怎样表达情绪的，孩子就会学到怎样的表达方式。想一想你生气的时候有什么表现？摔门而去？大发雷霆？还是不迁怒于人，温和而坚定地告诉对方"我现在非常生气，我可能需要一个人静一下"。时刻提醒自己"父母是孩子的榜样"，发挥好榜样的作用，帮助孩子成为一个情绪管理小达人。

（4）坚守原则，不让胡闹达到目的

孩子提出不合理的要求，父母要坚守原则并且坚持到底，不能因为有人在场，孩子哭闹得厉害，就满足孩子了事。父母要用行动告诉孩子"发脾气、哭闹达不到目的"。

【案例二】 "怕黑"孩子的安慰剂

小佳4岁了，最近一段时间他晚上不敢独自睡觉，即使有妈妈陪着，睡觉时他也要抓着妈妈的手，搂着妈妈的脖子，而且一定要开着灯才睡，一关灯他就把头蒙在被子里。

妈妈问他为什么，他说"太黑了，我害怕，在黑夜里，周围的桌子、椅子和家具都变成了怪物，太恐怖了"。妈妈安慰他"宝贝没事，那些都是假的"，爸爸说"真胆小，黑有什么好怕"，可是小佳还是拼命地抓住被子，抱紧妈妈的脖子不撒手。怎么做才能缓解小佳怕黑的情绪呢？

心理学分析

怕黑，是孩子的一种恐惧心理，是孩子期一种正常的心理现象。通常表现为孩子不敢关灯或单独睡觉，甚至声称黑夜里有怪物。

孩子怕黑大部分源于他的想象。瑞士心理学家皮亚杰的心理认知发展理论认为，3～6岁的孩子处于前运算阶段，这个时候孩子的大脑对世界有了初步的认识和理解能力，想象力和创造力非常丰富，并且受"泛灵心理"的影响，他们还不能分清现实与想象，他们会想象出一些藏在角落里的怪物，并在黑暗中将恐惧放大。

孩子期"泛灵心理"，是指孩子把无生命物体看作是有生命、有意向的东西的认识倾向。比如，这个时期孩子会把一切东西都看作是有生命、有思想感情的，会与枕头"谈心"，与布娃娃"讲话"等等。这是孩子在发展过程中出现的一种自然现象，也是不可逾越的必经阶段。

此外，孩子怕黑，还可能与父母严而不当的教育、不恰当的影视或图书的影响有关。比如，为了让孩子听话，父母经常用"再不听话晚上大灰狼就把你叼走了"来吓唬孩子；不恰当的影视或图书里常把"黑暗"和"鬼怪"做关联搭配。这些都会让孩子觉得黑暗的环境不安全，对黑暗产生恐惧情绪。正如心理学家荣格所说的"怕黑，是源于对自我的保护"。

优儿学堂 YoKID 支招

长期处于怕黑的恐惧中不利于孩子身心健康发展。父母应该如何帮助孩子缓解恐惧心理呢？

（1）倾听孩子的内心，弄清楚他害怕什么

孩子怕黑是很正常的，不要对孩子说"不要害怕""这有什么好怕的，真胆小！"之类的话。这种否定孩子感受的话不仅不会安慰他们，甚至会让孩子将恐惧的感受埋在心里，不愿与家长交流，影响他的心理健康。当然也不用表现出过多的关注，因为这样容易让孩子大惊小怪，加深他对"怕黑"的心理暗示。

（2）给孩子留一点"保护"，陪孩子熟悉"黑暗"

父母的陪伴和保护对孩子来说是最安全的保障。比如，在孩子房里留盏一夜灯，或者留一两个孩子平日里接触较多的玩偶来陪伴他入睡。家长也可以和孩子在黑暗中玩一些游戏，比如，在黑暗中感受对方的五官，或通过触摸黑暗中的"东西"来建立对黑暗的熟悉感和亲切感；把灯光调暗后玩手指影子游戏；天气好的时候家长可以带孩子去看星星、月亮，一边散步一边讲故事或唱儿歌，让孩子体验天黑后也可以玩得很快乐。

（3）家长要做榜样

孩子特别爱模仿父母的言行，父母的榜样作用对孩子的影响极

大。许多年轻的母亲也怕黑，和孩子在一起时妈妈应尽量避免把这种情绪传染给孩子，加重孩子怕黑的恐惧。妈妈可以大方地承认自己小时候也怕黑，但现在已经知道世界上没有怪物了。让孩子知道，他并不是世界唯一害怕这些事物的人，恐惧的心理会稍微得到缓解。

（4）家长陪同孩子有选择地观看影视节目，有选择地挑选故事

影视节目中的恐怖镜头会给孩子的心理造成直接的影响，伴随着黑夜出现的妖魔鬼怪会让孩子形成"魔鬼藏在黑暗的角落里"的心理定势。家长要避免让孩子观看此类节目。

（5）教育方法要得当

家长不要用"晚上大灰狼专门抓不听话的小孩"这样得故事来防止孩子哭闹；更不要把孩子关进"小黑屋"来惩罚孩子。这些都会让孩子怕黑并对与黑暗有关的事物避而远之，家长的正确引导和充满关爱的教育与陪伴才是孩子最温暖的安慰剂。

【案例三】家有爱哭宝

洋洋今年4岁了，特别爱哭。玩闹时不小心摔了一跤，哭；小朋友抢了他的玩具，哭；在幼儿园吃饭最后吃完，哭；老师批评他两句，还是哭……经常是一天当中能看到他掉好几次眼泪，大家都说洋洋是一个特别脆弱的孩子。

妈妈想了很多办法不让洋洋哭，比如，用玩具转移注意力，讲有趣的故事，可是孩子只是暂时被吸引，没过一会儿就会因为别的事情哭闹起来。妈妈越是指责批评，洋洋就越委屈，哭哭啼啼地停不下来。连小朋友们也觉得洋洋是个泪娃娃，都不喜欢跟他玩。

心理学分析

爱哭的孩子总是让家长很烦躁，打不得骂不得，好好劝也不听，家长真的是很苦恼。孩子爱哭的原因是什么呢？

第一，爱哭的孩子本身的气质是以负性情绪为主。心理学上的气质是指与生俱来的态度取向和性格偏好。以负性情绪为主是指孩子遭遇不如意时，通常会以负向的情绪，如哭闹、发脾气等来表达。这是孩子天生的个性倾向，家长如果不了解，就容易跟孩子闹脾气，亲子间发生不愉快。

第二，哭是孩子表达情绪的一种方式。当孩子发现面对世界内心充满着害怕、无助、沮丧的情绪时，因为其语言表达能力不完善，只能用哭来表达自己的感受，这时候孩子最希望获得的就是父母对自己的关注和抚慰。但很多母亲见不得孩子难过，听到孩子哭就心烦意乱，给孩子冠上了"懦弱，胆怯"的帽子，甚至耐不住性子，粗暴地大声训斥，或动手打一顿。如果父母不能接受孩子的悲伤和无助，经常否认孩子的情绪，那么孩子就可能为了迎合父母的期待，不得不抑制自己的真情实感，而用另一个"自我"来迎合妈妈，做妈妈期待的小孩，但这是为了满足父母的需要和接纳而发展出来的"虚假形象"。这样做的后果是孩子逐渐失去真实的自我，长大后不知道自己想要什么，也没有足够的勇气去追求自我；对于别人的评价感到焦虑，无法接纳真正的自己。

第三，哭可以帮助孩子调节自己的情绪，是勇敢面对挫折的开始，是接受自己能力有限的过程。如果父母在自身焦虑情绪的驱使下抑制孩子，就剥夺了孩子从挫折中恢复的宝贵体验，让孩子失去学习管理情绪的机会，如果不允许孩子哭泣成为亲子沟通的一个模式，就会影响孩子人际关系及社会适应能力的发展，因为当他看到别人哭泣时会拒绝或不知所措。所以允许和接纳孩子哭泣，是爸爸妈妈需要修习的一门课程。

 优儿学堂 YoKID 支招

（1）父母先爱自己，允许自己有负性情绪

在爱孩子之前，请爸爸妈妈先学会爱自己的每一个情绪，包括负性情绪（悲伤、沮丧、愤怒等）。当自己不喜欢的情绪出现时，不要马上排斥它、防御它、赶走它。它的出现是有意义的，它在提醒你心里的真实感受，静下来体会它，并与它对话。这样可以帮你更好地察觉自己，更加地了解自己。能接纳和爱自己的所有，才会接纳和爱孩子的所有。

（2）接纳孩子的情绪，不强硬地制止孩子哭泣

哭，是在宣泄情绪。如果我们把孩子情绪疏通的路堵起来，那孩子内在糟糕的情绪怎么释放呢？得不到释放就只能压抑。所以父母要做的是理解和认同孩子的情绪，并在第一时间安慰他，帮他平复情绪。父母最好蹲下身，和孩子基本保持一个高度，将孩子拥入怀中，轻轻拍他的后背，低声说："嗯，我知道你很难受，妈妈理解你，妈妈在这里。"安抚好孩子的情绪后，引导孩子学会合理发泄不良情绪的其他方式，比如，深呼吸、听音乐、玩游戏等。

（3）培养孩子学会用语言来表达自己的能力

有些年幼的孩子爱哭，可能是语言发展不完善，不知道怎么表达自己的需求，家长要从小培养孩子用语言表达自己情绪和需求的能力，例如"妈妈，我喜欢的玩具被抢走了，我很伤心"。如果家长经常用这样的方式和孩子交流，孩子自然而然就会用语言表达情绪了。

（4）多些鼓励少点批评

对孩子要多表扬，少批评，比如，"你今天摔倒了没有哭，真了不起"。对孩子要多一些宽容，少一点苛责，当孩子骄傲地告诉父母，"我自己洗手了"，父母不要指责孩子"把水洒得到处都是"，而是鼓励他可以自己洗手越来越能干了。

（5）不给孩子乱贴标签

不要随意给孩子贴上"敏感、脆弱、好哭"的标签，尤其是不要当着孩子的面这样做，更不要动不动就对孩子爱哭的事情进行议

论。多给孩子自己去面对困难的机会，不要凡事都包办，让孩子练习独立解决问题和矛盾。

（6）给孩子树立榜样

多留心孩子喜欢看的影视动画或书籍，从中找出孩子较熟悉的"坚强的榜样"，当孩子脆弱消极时，用榜样的行为和品质来激励孩子。当然，前提是不否认压抑孩子的情绪。

【案例四】说脏话的小孩

小福最近不知道从哪学来的脏话，时常会冒出一句"笨蛋""屁"，妈妈每每发现，都会训斥他"不许说脏话！"可是他好像上瘾了，越说越带劲，说完还洋洋得意。在幼儿园小福也因为说脏话被小朋友告状。妈妈担心长此以往，不仅自己会被认为家教不严，也会影响孩子在幼儿园的人际关系和师生关系。

刺耳的脏话让父母变得紧张和担心，如临大敌，担心孩子轻易地学"坏"了。那家长应该怎样做才能纠正孩子的习惯呢？

心理学分析

学龄前的孩子说脏话，主要原因是好玩、模仿和表达力量感。最开始孩子们并不太明白脏话的意思，只是觉得好玩、新奇，见别人说自己也学起来，这是一种简单的模仿行为。后来骂人，是因为他发现这是一个能控制别人、激怒别人、获取关注的好玩的办法，他感受到骂人很有"力量"：既有"力量"支配自己的言行，又有"力量"控制别人的情绪。

回想一下你听到孩子第一次说脏话的反应：批评，愤怒，惊讶……在孩子眼里，这些都是"脏话"这个武器的威力，它充满了力量感、控制感，并且非常好用，每次都能"激怒"大人，孩子频繁使用就不奇怪了。

当然，父母也要重视孩子说脏话时的情绪状态。如果孩子刚好处于愤怒等消极情绪时，就可能是以说脏话的方式来宣泄负性情绪，这种情况，要关注孩子生气的原因，并告诉他"骂人"方式绝对不可以。引导他以恰当的方式表达消极情绪，而非一味地强调"不许说脏话"。

优儿学堂 YoKID 支招

（1）冷静地对待孩子说脏话的行为

有的父母听到孩子说脏话觉得有趣，忍不住笑，这就会让孩子产生错觉，认为这是一种能得到父母赞赏的行为，以后便会继续说脏话试图再次获得这种愉快的体验；也有父母会大怒或觉得十分尴尬，这样宝贝察觉到说脏话能引起父母的高度注意，进而继续他的说脏话游戏。这两种反应很可能会强化孩子的说脏话行为。所以父母要冷静处理，尤其是孩子第一次说脏话时，听到后尽量不过度反应，漠视就好。就当他没说这句话，不接话，甚至连一个眼神、表情都不给，让他就觉得这句话没趣，不好玩，过几天孩子可能就忘了。

（2）引导孩子合理地发泄情绪

如果孩子心情糟糕，讲一些脏话发泄情绪，表示他正深陷其中，非常痛苦。当他大叫"笨蛋""老巫婆"的时候，他真正的意思是"我现在很生气，希望你能帮我摆脱这种坏心情"。首先要接纳孩子的情绪，让孩子知道生气是一种正常的情绪反应，他有权利生气；接着可以谈谈发脾气的原因，让他将内心的感受表达出来；最后引导孩子用恰当的方法宣泄情绪，比如，鼓励孩子把生气、不愉快的事告诉父母或其他家庭成员，或通过玩游戏帮助孩子疏导情绪。

（3）给孩子树立好榜样，营造良好的语言环境

家，是孩子成长的第一环境，如果父母说话粗俗，孩子就容易模仿。因此，父母要提高自身修养，给孩子做出良好的榜样，为孩

子营造一个文明的环境。

【案例五 】孩子怕生往后缩

小迪3岁了，平常在家活蹦乱跳，出了门就很胆小，见到陌生人比较害羞，不爱和别人打招呼。爸妈带他出门遇到熟人，让他喊叔叔阿姨，小迪就会往爸妈身后缩，父母感觉挺尴尬的。小迪也不愿意出门和小朋友玩，即便出去了，也是缩在妈妈的身边，不去和小伙伴玩耍。怎样才能让孩子不这么害羞，胆子大一些呢？

心理学分析

孩子害羞，不愿意打招呼，表现不积极的原因一般有以下几种：

（1）孩子面对陌生环境和陌生人，通常会有紧张、害羞的情绪，一时不知道如何调节，是孩子不打招呼最常见的原因。

（2）与生俱来的气质因素的影响。有的孩子开朗活泼，有的孩子安静内敛，这本身没有对错好坏之分。内向腼腆的孩子遇上新鲜的事情、陌生的人，需要充足的时间和适当的帮助才会较好地融入和适应。

（3）家庭教养方式的影响。孩子从3～4岁以后，就有了与小伙伴相处的愿望，孩子的交往需求会扩大到家庭成员以外，如果家长因为种种原因，忽视了孩子的社交需求，平时很少带孩子外出活动或与人交流，时间久了，孩子与人相处时依然沉浸在自己的世界里，而不知道怎样才能愉快地融入同伴中去，就会表现出胆小、退缩、不合群的行为。

如果家长经常因为孩子不大方，害羞不打招呼，觉得伤面子而训斥孩子，那孩子就更退缩了；经常当着孩子的面说"这孩子就是害羞，胆小"，会给孩子形成一种心理暗示"我就是害羞胆小的"，长此以往，孩子会像你所说的那样越来越害羞。你期待孩子是什么样子，就把孩子描述成什么样子，并按照你期待他的样子对待他，孩子会因为你的暗示，朝着你期望的样子发展了。比如，可以经常当着孩子的面夸奖孩子"我们家宝宝越来越懂礼貌了，见人都会主动打招呼了"，相信孩子会表现得越来越好。

（4）孩子在群体中表现不积极，也可能是缺乏如何与人交往的技能。表现不积极，不代表孩子不愿意和朋友玩，可能是因为孩子不知道如何跟别人交往。面对这种情况，家长的理解和引导非常重要。

 **优儿学堂YoKID 支招**

（1）妈妈做示范，但不强迫孩子

妈妈可以在与他人打过招呼后，把朋友和孩子做一个相互介绍，如果孩子没反应，可以以孩子的口吻，代替孩子向他人问好。妈妈要把心态放轻松，尽量做到不督促、不强迫孩子主动问好，更不要责备孩子"胆小，没用"。尊重孩子的意愿，理解孩子的情绪，有利于孩子放松走出交往的第一步。

（2）接纳理解孩子的感受

如果孩子往后退缩，事后可以用共情的方式和孩子沟通"我知道你看到某某阿姨不主动问好，是因为你一见到陌人就会紧张、害羞是吗？""你需要等一会儿，才能放松下来，才能够去问好，对吗？"
向孩子表达你对他打招呼时会紧张的理解。

（3）角色扮演游戏，教给孩子交往技巧和方法

引导孩子寻找解决问题的方法，可以和孩子在家分角色扮演，帮助孩子练习如何有礼貌地和别人打招呼，如何加入别人的游戏。

家人可以利用游戏时间，和孩子玩"角色扮演"的游戏：每个人表示不同的小动物（小鸭子、小兔子、小熊等）在一起做游戏，突然来了一只小鸡，小鸡要和大家打招呼，并加入游戏。启发孩子该如何说？父母可以示范一下："一打招呼，二微笑，三说我想和大家一起玩，好吗？"

（4）鼓励和认可孩子

孩子勇敢地踏出第一步时，有可能表现得并不是特别好，只是

很小声地叫了阿姨，但这也是孩子的巨大进步，要及时表扬孩子。

【案例六】打人、咬人

小静是家人的掌上明珠，甜美可爱，只是平时比较娇惯，稍不满意他就会咬人、打人，甚至会"拳击"爷爷奶奶。小静小时候，父母觉得孩子是通过"咬"的方式探索世界，就没有注意。可是上了幼儿园，妈妈就苦恼了：经常接到老师和小朋友们的投诉"做游戏的时候小静咬我了""小静拧小朋友的脸"，小朋友都不喜欢跟她玩了。妈妈每次去送她上学，总有人来告状。

心理学分析

孩子在0～1岁出现口的敏感期，这个时期孩子会尝试着用口（也包括牙齿）来认识外在的世界，发展他的认知能力。

但是，孩子进入幼儿园后，孩子咬人、打人通常会被认为是一种攻击性的行为。常常表现为对他人推拉拧掐、用牙齿咬、抢夺他人物品、向他人扔掷物品等行为。那孩子为什么会出现攻击性行为呢？

孩子精神分析家温尼科特认为：攻击有两个意思，一个是对挫折的直接或间接反映，另一个则是个人活力的来源之一。也就是说，孩子攻击行为有两个原因：一是遭受挫折，不知道如何表达生气不满的情绪，只好用打、咬的方式来表达；二是3～4岁的孩子，神经系统的发展仍然是兴奋过程占优势，兴奋水平过高，但又不会控制，加之言语能力较低，过多的兴奋就会通过肢体来表达。

孩子遭遇挫折时，父母如果能够理解孩子的感受，并且引导孩子主动表达自己的情绪和需求，体会别人的感受，会增强孩子的同理心，提升孩子的情商，促进孩子的心智成长。

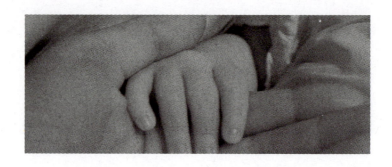

3～4岁的孩子逐渐掌握了基本的生活能力，洗脸、穿鞋、穿外衣等技能的练习可以让孩子体会到成长带来的能力提升；4～5岁时孩子可以做一些力所能及的家务，如果能得到父母的表扬，孩子可能做得更起劲。这些不仅是释放孩子精力的有效途径，也是孩子学习生活技能的好时机，处理得当，还可以增强亲子关系。

此外，攻击行为可能也是孩子获取他人关注与爱的一种方式。如果孩子不能从父母和家庭成员那里获得足够的关注和爱的时候，就会对周围人的关注有过度需求。但是如果需求没有被满足，那孩子就有可能采取攻击行为来获取其他人的关注。

🌸 优儿学堂 YoKID 支招

面对孩子的攻击行为家长应该怎么办呢？

（1）理解孩子的情绪

孩子有不满的情绪时，父母最好蹲下来，抱抱孩子，并且试着从孩子的角度来解释他生气的原因，"因为刚才（发生了什么事），所以你觉得很生气"。这样做的目的是让孩子知道家长理解他刚才生气的原因。

（2）帮助孩子正确看待不良情绪

明确告诉孩子：每个人都有生气的时候，爸爸妈妈也会生气，其他小朋友也会生气，你生气是很正常的。

（3）指出不对的地方，引导孩子如何去表达情绪

告诉孩子：每个人都会有情绪，可以生气，但不能打人。并且教孩子采用正确的方式应对情绪：生气的时候可以哭一会儿，可以让妈妈抱抱，可以一个人静一会儿，可以告诉别人为什么生气，可以拍沙发、拍床，可以跺跺脚等，帮助孩子找到释放不良情绪的途径。

（4）用游戏的方式教孩子表达情绪和理解他人的情绪

孩子的游戏是他建构内心世界与感受外在世界的重要桥梁，让孩子在游戏中体验各种角色的情绪和感受，从而理解现实人际交往中别人的感受，进而能够恰当地表达自己的情绪。比如，当盖好的小房子被小猪踩扁了，小主人公是什么样的心情。除了打小猪一顿，还可以让对方知道自己非常生气和伤心的心情。

（5）让孩子享受付出的乐趣，释放多余的活力

如果孩子有机会像大人一样劳动和付出，孩子会更积极主动：孩子会像一个小大人一样照顾家人，给家人盛饭，帮奶奶扫地等。通过付出，孩子体会到自己是有价值的，获得自尊自信和成就感，

同时释放了孩子在这个阶段多余的活力。家长要耐心地忍受他们的毛手毛脚，并恰当地给予赞美。如果我们总嫌他们"添乱"，批评他们做得不好或者干脆不许他们"帮倒忙"，孩子就会从内心深处感到无力或无用，严重的挫败感就会让孩子在其他地方去破坏或攻击别人。所以放手让孩子去尝试吧，做得不好又有什么关系呢。

（6）注意"假装打人"游戏对孩子的影响

如果家人存在暴力惩罚或以轻打屁股来逗着孩子玩的行为，孩子就有可能会把同样的待遇加诸别人身上，家人要告诉孩子这两者的不同。

（7）提高孩子的社会交往能力

孩子采取攻击行为解决争端时，父母除了要理解孩子的情绪，还要教会孩子如何解决矛盾，提高他们的人际交往能力。比如，看到别的小朋友将要破坏自己的积木作品时，动手不是好方法，可以用适当的语言表达自己的需求，如"请你小心一点，不要破坏我的积木，我是花了好长时间才搭好的"。

心理测试——情绪幸福感

情绪幸福感，不是要孩子时时刻刻都处在快乐的情绪中，也不是要增加孩子每天所经历的快乐片段，而是要增强孩子的情绪管理能力。

情绪幸福感这个小问卷，选自杰尼·胡珀《让孩子快乐、自信和成功》成长问卷调查中的一个分量表，适合3岁以上的孩子，每个题目分为五个选项：从不，0分；很少，1分；有时候，2分；经常，3分；一直，4分。

给孩子测一测吧！

一个成年人的内心里也可能住着一个小孩，你也可以给自己内心那个小孩测一测，看看他的情绪管理能力怎么样。

1. 在感到特别不安的时候会寻求大人的支持和安慰。
2. 能在大人的支持下于5～7分钟内安定下来。
3. 稍有不安的时候能用自己的方式进行自我安慰而平静下来。
4. 能够做到一个星期甚至更长时间不闹脾气。
5. 每天积极的情绪比消极的情绪多。

6. 容易被他人带来的积极情绪（氛围）所感染而做出积极回应。

7. 会因参加的活动而情绪高涨。

8. 在新环境中也能表现得很自信，很少焦虑。

9. 活泼，对世界表示出极大的兴趣。

10. 能从有压力的环境中脱身，以避免陷入困境。

分数在 0 ~ 40 分之间，分数越高，说明孩子的情绪管理能力越好，在情绪识别、情绪表达、情绪调节方面的能力越强，反之，则越弱。对每个特定年龄段的孩子，没有特定的标准，一般来说，年龄越小的孩子，由于其处在建立能力的早期阶段，得分会偏低一些，家长无需过多的焦虑，因为这正是给家长支持和孩子成长提供了一个方向。

你的内心住着一个怎样的小孩呢？养育孩子的过程激发了你怎样的感受？接下来的情绪调节的技能对你内心的小孩同样有效哦，照顾好你自己，可以给孩子更多的爱。

第3章

自我认知篇

"我是谁？"

"我是一个什么样的人？"

孩子最初是在妈妈的眼里看到自己的："我可爱吗？""我是一个值得被爱的人吗？""我是一个有能力的人吗？"父母是孩子的一面镜子。我们要做的是，帮助孩子成为他自己。

"我"是谁——解读孩子的自我认知和自我意识

什么是自我意识？孩子什么时候开始认识到"我"的存在？自我意识在各个年龄段是如何发展的？自我意识对孩子的成长有什么帮助？

⊙ 什么是自我意识？

人在一生中不断地问自己这三个问题："我是谁？""我从哪里来？""要到哪里去？"它们浓缩了个体对自我的追问。自我意识是主体的"我"对自己、对自己与他人的关系以及自己与周围事物的关系的认识。

我们在"我"与自己、"我"与他人、"我"与世界的经验中不断形成并修正对自己的认识。自我意识包括自我认知（包括自我观察、自我觉知、自我概念和自我评价等）、自我体验（包括自尊、自信、自卑、自豪感、内疚感、自我欣赏等）和自我调控（包括自制、自立、自主、自我监督、自我控制等）。当孩子发现咬手指和咬玩具的感觉不一样时，就开始出现了最初的自我意识——自我感觉。

⊙ 孩子什么时候意识到"我"的存在？

研究者认为自我认知大约在孩子12个月时开始发展，心理学家通过点红点的实验了解到这一点。实验者在孩子的鼻子上悄悄涂一个红点，然后带他到镜子前，如果孩子触碰自己的鼻子或者试图去擦掉这个红点，说明他们能意识到镜子里这个人与自己是有关系的，或者他们有一些关于自己身体特征的知识。这是孩子理解自己是一

个独立个体的开始。

一般 9～10 个月的孩子会把镜子当玩具；12～14 个月时孩子开始关注镜子里的人，但会当作伙伴一样玩耍、寻找；18 个月的孩子会注意到镜子内外物体的对应关系，认识到镜子里的桌子和自己靠着的这个桌子是一样的；21 个月大时孩子能快速摸到自己鼻子上的红点，自我认知出现质的飞跃。

研究者邀请 23～25 个月的孩子模仿一系列与玩具相关的复杂行为，当孩子完成一些较简单的行为后仍然会哭，这可能说明他们意识到自己缺乏去完成任务的能力，并为此感到难过。日常生活中，我们也会发现，一些孩子兴冲冲地拆封了一个新玩具，但由于不会玩而哭闹，或拒绝再次玩耍。这些都表明孩子逐渐有了更清晰的自我认识。家长在给孩子玩具时要考虑他的年龄，逐渐增加玩具的难度。

你抱着一个孩子玩耍，无意间他手里的玩具掉在地上，你捡起来递给他，他还会再扔掉，如此重复乐此不疲。大人一般会生气，"你怎么这么淘气呢！不给你玩了"。别着急，这是孩子在努力地学习，他试图弄明白这是怎么回事，为什么我一松手，玩具就会掉呢？孩子通过不断地进行实践，来了解自己，了解周围的事物。当他能把自己的动作（松手）和动作对象（玩具）区分开后，自我概念的发展就更进了一步。

你可能已经发现了，2 岁前的孩子一般用"宝宝"或自己的名字来称呼自己，而不会用"我"，孩子在 2～3 岁期间，逐渐掌握代词"我"，这是孩子自我概念发展的重要标志。孩子对玩具等物品的占有感常会引发一些冲突，这也是孩子自我概念发展的结果。

⊙ 性别认同：我是男生还是女生？

3岁左右的孩子开始对自己的身体感到好奇，通过参与大量的社会活动，他们逐渐意识到自己和别人的不同，语言能力的发展也促使他们表达对这些不同的好奇，"妈妈，我是从哪里来的？""为什么我不能穿裙子？"

3岁的孩子可以根据外貌选择出和自己性别相同的人，3～5岁孩子可以认识到性别是不会变的，6～7岁孩子对性别的认识更成熟，知道一个人的外貌可能变化，但是他（他）的性别是恒定的。

父母在孩子的性别认同过程中起着关键作用。父母可以接纳、肯定、赞赏孩子的性别，不能出于对某一种性别的偏爱而把男孩"打扮"成女生，或把女孩当男孩养。父母可以在口头上明确告诉孩子"你是男生""你是女生"。对于孩子在性别认同过程中出现的不恰当行为，父母要耐心地纠正，而不是通过严厉地惩罚或通过增加孩子的羞耻感来减少这一行为的发生。

"妈妈，我为什么不能穿裙子？"

"你是小男孩呀，妈妈觉得这样不好看呢，有一种更棒的打扮，

小伙伴见了肯定特别惊讶，你要不要试一试呢？"

⊙ 自我评价：我是一个怎样的孩子呢？

"我是好孩子，因为妈妈说我是好孩子。"

"我和甜甜是最好的学生，因为老师奖励了我们两颗小星星。"

"我和甜甜比，肯定我画得更好。"

"我很棒！"

"我能搬动这块大石头！好厉害！"

孩子从3岁开始逐渐会做出一些对自我的判断，这些判断主要依赖成人的评价，主观性很强，一般孩子会高估自己。3.5～4岁是孩子自我评价发展的转折期，5岁的孩子大多数能进行自我评价。随着年龄的增长，孩子的自我评价从笼统到具体，并开始隐蔽对自己过高的评价，想说自己好又感觉不好意思。

"琪琪，你觉得自己画得怎么样？"

"我不知道我自己画得怎么样。"

或者你一问她，她把脸一扭，"我不说"。老师或家长此时要明白了：小家伙是想夸自己呢。遇到这样的小朋友，你就夸赞他的努力吧，并鼓励他继续下去。

如何提高孩子的自我评价能力呢？家长可以多让孩子和同龄的小朋友玩耍，参加一些有趣的活动，增加孩子获得社会交往反馈的机会；家长和老师可以通过设置简单清晰的游戏规则，按照规则明确地反馈孩子的行为；在评价孩子时，家长要贴合孩子的具体行为，鼓励孩子的努力，而不是简单地夸赞孩子聪明，当一个孩子被肯定"努力"时，他在面对困难和挑战时能坚持更久，而当一个孩子被夸奖"聪明"时，面对同样的挑战，孩子更可能选择放弃，因为挑战失败就意味着"他不够聪明"。

⊙ 自我体验

自尊是自我体验的核心。

自尊是一个人在社会比较的过程中获得的有关自我价值的积极评价和体验。自尊感的满足，会使人感到自信，感受到自我价值，并对自己产生积极的自我肯定。自尊从 3 岁起开始萌芽。

良好的亲子关系能让孩子感受到父母的接纳和肯定，父母采取什么样的态度和方式养育和对待孩子，能影响孩子对自我的认识和态度，从而影响孩子的自尊水平。

高自尊的孩子其父母的抚养方式有 3 个特点：

（1）高自尊孩子的父母经常关心孩子，对孩子们的活动感兴趣，接纳并欣赏孩子的朋友。

（2）提前设置规则，当孩子违反约定时取消孩子的某种特权或者以讨论的形式让孩子明白事理，明确哪些事情可以做，哪些不能做。

（3）给孩子做决定的权利。

而父母双方的教养方式不一致，或者溺爱孩子对孩子自尊的发展起消极作用。

成功与失败的经验同样影响孩子的自尊。伴随着孩子自我意识的发展，他们逐渐有向外探索的意愿。埃里克森认为 1.5 ~ 3 岁是孩子自主对羞怯、怀疑的阶段，如果发展得顺利，孩子的探索行为受到鼓励，并对自己产生满足感；如果孩子的探索行为受到抑制，孩子就会怀疑自己，并缺乏独立性。3 ~ 6 岁是孩子主动感对内疚

感时期，孩子常挂在嘴边的话是"我自己做""我选""我来帮你"，父母应该给孩子一定的选择空间和自主性，比如鼓励孩子自己穿衣、吃饭，允许他决定第二天早上穿什么衣服（如果孩子的衣着不合时宜，家长可以拎一袋衣服以备更换），当孩子表现出想帮家长做家务的主动性时，家长可以在保证安全的情况下给孩子提供机会，积累日常小事的成功经验也能让孩子感受到自己的力量和价值感。

父母带着孩子旅行或陪孩子阅读，丰富孩子的知识积累，用积极的态度肯定孩子，鼓励孩子的努力和负责任，这些都有助于孩子自尊水平的提高。

⊙ 自我控制

附录里我们列了一个关于自控力的有趣测试，研究人员把孩子带到一个房间里，房间里只有一张桌子、一张椅子和一个盘子。研究者往盘子里放了一颗棉花糖，然后告诉孩子："我有事要离开15分钟，等我回来的时候，如果你没吃掉盘子里的棉花糖，我就再奖励你一颗。但如果你提前吃了，就没有奖励了。"其中有1/3的孩子成功地拿到了两颗棉花糖。

这些孩子表现出的就是延迟满足的能力，延迟满足是为了长远利益而自愿延缓目前的享受，这是孩子自控力的表现。自控力的形成受孩子神经系统发育的影响，一般来说，5岁是一个分水岭：5岁前孩子自控力基本都很差，受欲望驱动比较多；5岁后的孩子，开始学会忍耐和等待。

同时，大人的诚信，深深影响着孩子的自控力。如果研究人员一开始许诺给孩子奖励，但是最后却以其他借口搪塞过去，接下来

儿童行为密码
Behavior Code

孩子会觉得研究人员不可信，更可能早早地把眼前的棉花糖吃掉。这给我们的参考是，父母在日常生活中的哄骗可能会影响到孩子自控力的建立。父母对于自己做不到的事情不要轻易地许诺给孩子，一旦许诺就要确保自己做到。

坚持性也是孩子自控能力的表现，坚持性是指不怕挫折、失败，能克服困难，坚持达到目的的意志品质。4～5岁时孩子坚持性发展最快的年龄，孩子的坚持性随年龄的增长而提高。家长可以放手让孩子独立地面对一些问题，在孩子遇到困难时，帮助他们找到克服困难的方法，鼓励他们继续尝试；父母安排孩子的活动时要考虑孩子的兴趣，在孩子感兴趣的活动中培养他们的坚持性。比如，带好动的孩子参与体育运动；当孩子参加不感兴趣的活动时，鼓励他们坚持把事情做完；给孩子设立目标时，父母可以按照"跳一跳摘苹果"的原则，即设置孩子经过努力能达成的目标，当孩子能坚持完成任务时，父母要给予积极的鼓励。

2 让孩子做自己：促进孩子的自我认知

父母在孩子自我认知发展中起到关键作用，父母对孩子的评价以及父母和孩子的互动模式都会影响到孩子的认知发展。

孩子最开始是从父母的眼睛里看到自己的。孩子在我们的目光中开始探索，开始走出第一步，开始知道自己是谁。从父母的回应中孩子逐渐认识到"我是一个可爱的孩子""我是一个值得爱的孩子""我有方式喊来父母，并得到他们的关注"。

当孩子长大一些，有了自己的小伙伴，玩耍的快乐和遇到的挫折能和妈妈分享吗？"他会怎么看待我受欺负的事情？""我失败了，还会是一个有能力的人吗？"

当孩子上了小学，开始面临学业压力，"考得不好，爸爸会怎么看？""我可以不把试卷拿给他们看吗？""如果我学习不认真，是不是就不是妈妈的好孩子了？"

甚至作为家长的你，也可以回忆一下，在自己的成长经历中，父母的反馈、评价和鼓励对你有什么影响，你找了一个"父母希望你做的工作"，还是走在了自己想走的路上？你现在的生活是自己想要的吗？如果不是，那你是在满足谁的期望呢？

当你在养育孩子的时候，父母们是支持你的观念，还是跳出来告诉你"你做错了"。他们相信你吗？

这是人们在心里咨询室中一遍遍确认的议题。帮助孩子明确自我意识，让孩子按照自己本身的性情和特点去发展，这可不是一件容易的事。

一个妈妈说："我和孩子他爸都属于不爱说话的类型，孩子偏偏一天到头讲个没完。我该怎么办呢？"这个孩子很活泼，但是和爸爸妈妈性情都不一样，如果家长没有精力照顾到孩子的特点，就容易忽视孩子的需求，限制孩子的发展。妈妈可以想想自己对孩子的期望是什么？自己期望中的孩子是什么样的？对孩子表现出的这些特点，他的担心和顾虑是什么？然后他才能真正地看到孩子的特点，而不是认为这些全是孩子需要修正的"问题"。

心理学家安道尔·图威和同事认为自我认知意识（又称自省意识）形成于大脑前额区的神经回路。在个体成长过程中，前额叶皮层也在慢慢成长发育，这有助于我们加深自我认识，帮助我们改变对他人和自我的感知方式。深刻的自我认识是建立在连贯的自省意识（对过去、现在以及将来的分析）之上的。花一些时间去反思一下我们与父母的关系，也反思一下自己的成长经历，这能让我们更深刻地认识自己并获得成长。最重要的是，我们能够成为个人生活的创造者，并以此来帮助孩子，让他们感知和创造自己的生活。

3 自我认知相关案例解析

【案例一】我从哪里来

有一天小哲问我："妈妈，我是从哪里来的？"问得我措手不及，该怎么回答这个问题呢？当年母亲怎么回答我的？"垃圾桶里捡的""买菜送的"。相信我们这一代中国孩子大部分都是被这样回应的，以至于小时候受了委屈，觉得就因为自己是捡来的，所以才这样被"虐待"，一直想着某天离家出走去找自己的亲妈。今天，我们应该怎么去告诉孩子，他是从哪里来的。

心理学分析

3岁左右的孩子会对于"我从哪里来"这个问题特别感兴趣，除此之外可能还会关心"莹莹为什么扎小辫？""涛涛怎么站着小便？"……诸如此类的问题。面对孩子提出的性问题，中国很多父母一般都会困惑，总感觉难以启齿，不知道该如何表达。

心理学研究表示，学龄前孩子性问题的提出，意味着孩子开始了性社会化的进程。大约在3～6岁，孩子进入性发展的第一个高峰期，这个时候孩子对自己的身体和性别特别感兴趣。

尤其当孩子自我意识萌芽后，会关心自己从哪里来的、对身体部位产生好奇，等等。在这个年龄，孩子逐渐参与到社会中去，关注自己与他人的差别，也思索许多的"为什么"，引发了许多关于自我认识的思考和从大人们的反馈中获得性别观念。

另外，此时的孩子已具有基本语言表达能力。好奇心的驱使以及语言的使用，使得孩子开始对自身的性问题和生活中的性现象进行发问。

需要注意的是，一个 3 ~ 6 岁的孩子模仿大人，与异性孩子产生亲昵的行为，拥抱、牵手、亲吻，这很常见。孩子的这些行为，并不是在"使坏"，而是在学习了解性别的差异，体验异性孩子间的相处，这是人类初始的两性的学习，是很纯真的事情。

 优儿学堂 YoKID 支招

面对孩子提出的疑问，我们应该如何解答呢？

（1）坦然作答，不要支支吾吾

孩子提出的性问题，属于认知范畴的问题，如同孩子问"公鸡为什么打鸣？""鸭子为什么会浮水？"的性质是一样的，是他们成长过程中必然要关注的。父母应坦然、浅显、简洁地回答他们的问题，不要闪烁其词，更不要辱骂斥责孩子，避免让孩子感觉自己好像干了什么坏事似的。父母对性的不正确态度，可能会导致孩子错误的性观念，对孩子成长不利。

（2）用简单明确的语言回答

孩子无法理解过于复杂抽象的描述，在尊重事实的基础上越简单越好。回答 3 岁左右的孩子"我从哪里来"的问题时，只需要告诉孩子"你是妈妈生的"就可以了。告诉孩子，爸爸妈妈是因为爱才有了你（包括单亲家庭更要提到爱），"你是爸爸妈妈爱的结晶"。

（3）可以借助绘本、视频，给孩子讲解性的知识

如果孩子问得详细，家长可以借助绘本和视频讲解孩子是从哪里来的，这会让孩子觉得更有乐趣。家长也可以借鉴一些国外孩子性教育的绘本，比如，英国的《小威向前冲》。

【案例二】摸"小鸡鸡"的男孩

闹闹最近经常摸自己的"小鸡鸡"，幼儿园老师也反映他在学校不仅自己摸，还让别的小朋友摸，妈妈听了真是羞愧万分，尴尬得不得了。

其实不光小男孩摸自己的"小鸡鸡"，有时候也会听到妈妈们发现小女孩摩擦阴部的情况，那这样的情况到底是怎么回事，家长应该怎么办呢？

心理学分析

许多家长看到小男孩抚摸"小鸡鸡"，"小女孩"来回蹭阴部，会"如临大敌"，不知如何是好，更想知道自己应该做些什么。其实父母不要过于担心，孩子触摸生殖期是开始关注身体器官的一种成长现象，和成人所想到的性是不同的，大家千万不要误解孩子。孩子3～6岁时进入性发展的一个高峰，这时孩子们开始对自己的身体感到好奇，感觉到跑、跳和拥抱很舒服，同时也发现抚摸自己的生殖器感觉很好。

在幼儿园我们经常会看到一些小男孩在大白天无意识地抚摸自

己的阴茎，小女孩抚摸自己的阴蒂或者摩擦双腿、磨蹭阴部。他们开始做性游戏，通过"过家家"，或者"扮医生"的游戏，以"合法的手段""科学地"检查或观看其他伙伴的生殖器。

如果孩子对生殖器的好奇心在孩子期得到了合理的满足，这有利于他们今后性心理的健康发展。从心理学的角度看，参与这些"性游戏"并不会给他们带来身心方面的伤害，相反在将来还能为孩子接受日后的性活动打下基础。但是，如果成人在目睹孩子的"性游戏"后，直接加以干涉，或者对孩子加以责骂、压制和惩罚，让孩子觉得自己做了很坏的事，就会对孩子今后性心理的发展产生消极影响，孩子可能会认为：性是罪恶的，通过这种方式得到的快乐是错误的，有这种行为的孩子是"坏孩子"。

优儿学堂 YoKID 支招

专家建议，父母可以从以下几点去做：

（1）不要用强烈的指责来制止孩子

孩子触摸生殖器就像小婴儿爱吃手指一样，我们不要把自己的道德焦虑传递给孩子，表现出厌恶和歧视。随着年龄增长，这种行

为一般会自然消失。很多父母看到后会着急地要求孩子马上改掉，并严厉地制止这些行为，这样的做法很常见但欠妥当，强烈的反应很可能会起到反作用或变成"强化行为"，让孩子更关注生殖器。

（2）注意卫生，教会孩子保护隐私部位

当孩子抚摸或摩擦生殖器时，容易使私处局部受损或引发尿路感染，或者孩子穿的裤子太紧，身体受约束，孩子感到难受也会不由地来回摩擦。父母要检查孩子的生殖器有无异样，告诉孩子注意保护自己的隐私部位，不能让其他人触摸。

（3）参加有趣的体力游戏活动

陪孩子玩一些有趣的游戏，尽量不要让孩子独自呆坐，如果发现孩子有并腿、摸生殖器的行为，家长要很自然、不动声色地转移他的注意力。

【案例三】妈妈带儿子去女浴室

在健身房的更衣室，一个年轻妈妈带着他4岁左右的儿子到女浴室洗澡，结果遭到了浴室中其他人的强烈不满。孩子家长解释，孩子还小，根本不懂事，有什么关系呢？真的是"孩子小不懂事，没关系"吗？

心理学分析

妈妈带儿子去女浴室，可能会觉得孩子小不懂事，没什么关系，

但对于孩子的冲击可能会很大。心理学家指出，3 岁左右，孩子会形成性别认同，也就是孩子逐渐意识到"男女有别"并开始以男孩或女孩自居。随着一点点长大，孩子对男女着装、行为举止、性格特征会逐渐形成更全面的认识，慢慢形成性别角色观念。

如果不能满足孩子的性别角色发展需求，一味地模糊孩子的性别意识，会让孩子不知道自己是男孩还是女孩，不利于孩子形成性别认同。孩子的行为可能会出现偏差，例如，小男孩爱穿裙子。

优儿学堂 YoKID 支招

为避免孩子性格发展出现偏差，最好从 3 岁前就培养孩子的性别意识，如告诉孩子男孩和女孩的差别。在孩子期父母可以结合孩子的日常生活，从服饰、玩具和游戏方式的选择等方面入手，对孩子进行性别意识的培养，比如，为男孩多选择素色单一的服饰，而为女孩多选择颜色鲜艳、款式多样的服饰等，这样可以使宝宝逐步形成良好的性别意识。为了孩子的心理健康和性格发展，尽可能不要带 3 岁以上的孩子进异性的浴室。

（1）建议异性父母和孩子分开洗澡

家长给异性小孩洗澡当然无可厚非，但千万不要共浴。在洗澡这件事情上，应该培养孩子的性别意识，因为性别教育是性教育的第一步。家长还可以借此让孩子明白自己的性别，比如母亲可以对儿子说，"你是男人，妈妈是女人，男女有别，我不能跟你一起洗澡！"

（2）幼儿园也要分男女厕所

除了父母引导外，幼儿园也是教育孩子正确认识自己性别的好场所。为了培养的孩子性别意识，幼儿园也应该分男厕和女厕。

（3）不要给男孩穿女装

女孩就是女孩，男孩就是男孩，身体特征和性格都会不同。给男孩穿上漂亮的女装，或者给女孩穿上英俊的男装，看起来可爱逗人，但对孩子的心理发展不好：孩子搞不清楚自己的性别，对孩子的性格培养不利。家长们千万不要因为自己的喜好，长时间给孩子"换装"。

（4）让孩子学会观察

"啊，爸爸长胡子，妈妈没有。"在平常生活中，家长可以有意识地引导孩子通过观察父亲、母亲来认识男与女的差别，同时认清自己的性别，家长可以进行一些小游戏，比如让孩子在父母身上"找不同"。

（5）父母角色都很重要

在家庭中，爸爸和妈妈对于孩子的成长都有很大的作用，孩子只见到母亲，或者只见到父亲，在孩子性别意识培养上可能会遇上困难。例如，孩子的生活圈里缺少成年男子的榜样，可能会让男孩性格变得柔弱，缺乏阳刚之气。而女孩如果缺少父亲的关爱，成年后在与男性的交往中容易表现出焦虑和无所适从，或在男人面前感到紧张羞涩。

【案例四】只能赢不能输的"好胜宝宝"

嘉嘉最近有个毛病很是让父母头疼——输不起。做游戏也好，参加比赛也好，只能赢，不能输，否则她就耍赖、哭闹、发脾气。嘉嘉经不起别人的批评，心理承受能力差，"输不起"又"说不得"，妈妈说这孩子好胜心太强了。

心理学分析

心理学研究表明，从 2 岁左右开始，孩子自我意识开始发展，但是由于对外在事物和自身缺乏客观的认识，常常表现出以自我为中心，所以他希望"我"受到关注、"我"获得认可，在比赛中"想赢"，希望自己能够做得好，以此获得父母和老师的表扬认可，这是孩子的天性。

输了就意味着失败，孩子会产生难以接受的挫败感。孩子各种"输不起"的表现其实是面对挫折的一种反应，并非都是源于"争强好胜"。 如果孩子从小一直生长在赞美中，缺乏合理的批评，他承受挫败感的能力就较低。一旦失败，就会否定自我，无法面对，认为"输"是丢脸不光彩的事。如果孩子从小没有自己经历过困难或独自解决困难，一切都是父母包办代替，孩子面对失败就缺乏适应力和承受挫折的能力。他可能会用耍赖、逃避、退缩、放弃等行为来应对。

 **优儿学堂 YoKID 支招**

（1）孩子"输不起"时，不要急于指责批评孩子，先去共情孩子

孩子没有得第一，没有赢，肯定很难过，甚至郁闷、自责、嫉妒、担心，害怕父母、老师不喜欢自己了，其他小朋友会不会嘲笑自己呢？先去理解孩子的这些感受，让孩子感到自己的这些情绪是被父母接纳、理解的，虽然失败了，但自己依旧是被爱的。

（2）帮助孩子树立正确的竞争意识和成败观

教孩子正确地认识自己，每个人都有长处和短处，不可能在所有的竞争中都是强者。输和赢是常态，我们应该坦然地接受，把事情尽心尽力地完成也是一种成功，而不是非要得了第一才叫成功。

（3）家长给孩子树立榜样，示范自己对待输赢的态度

让孩子知道，爸爸妈妈也有许多做不到、做不好的事情，但失败并不"丢脸"，我们可以从失败中学会很多东西。

（4）通过游戏让孩子体验"输"的滋味

游戏是孩子最乐于接受的教育方式，是最接近孩子世界的语言。石头剪刀布、打扑克、下棋、拍球比赛、跑步等游戏，都可以让孩子在玩乐中尝试"输"的滋味。刚开始，家长可以故意输给孩子，激发孩子的兴趣和积极性，但是，家长不能总是"让"孩子，可以给孩子一些输的惨痛经验，让孩子亲身体会一下内心的失落。这时家长要给予孩子安慰和鼓励，告诉孩子输赢很正常，让孩子感受到

他也可以承受挫折感带来的不舒服的体验，这样孩子的抗挫折能力就会有所提高。

【案例五】在意他人评价的女孩

女儿快上小学了，最近特别在意别人的评价。听到好的评价就眉飞色舞，听到不好的评价就郁闷至极。小李老师奖励他一颗小星星，他总有意无意地说小李老师好，自己特别喜欢小李老师。有一次，幼儿园几个小朋友说他的衣服不好看之后，就再也不穿那件衣服了。

心理学分析

在孩子的成长过程中，都会经历从"无律"到"他律"阶段的转变过程，在无律的自我中心阶段，孩子的心中只有自己的想法和需要。当进入"他律"阶段以后，孩子会开始关注他人的评价和意见。但是由于孩子的思维能力有限，缺乏分析和判断对错的能力，所以他们往往以他人的标准来评判自己的行为。因此，这个时期的孩子一般都会比较在意别人的评价，一旦看到某种行为能够得到别人的赞扬，或者让老师和家长感到高兴，他们就会向这些行为靠拢，使这种好的行为在自己身上得到体现。一旦了解到某种行为会被大人责备或者惩罚，他们就会尽量避免，更加突出地表现出"他律"的行为模式。

但如果孩子的"他律"意识过于强烈，家长没有及时采取措施进行引导，孩子可能就会过度关注他人的看法，敏感多疑，事事遵

照他人意见行事。

　　孩子的自信心不足，自尊心过强，会使他们产生极强的自卫意识，听不进任何批评意见，甚至还会将别人善意的告诫视为对自己的攻击，对负面评价特别敏感。通常孩子过于关注别人的看法，和家长的态度有关系，如果父母对孩子的期望或要求过高，给孩子的压力过大，在紧张的环境下，孩子生怕自己哪里做得不好，被父母"不喜欢"了，所以他们才小心翼翼，过于关注别人对自己的看法。

优儿学堂 YoKID 支招

　　如果父母能经常对孩子表达支持、理解和赞赏，就能够帮孩子建立起良好的自我认识，增加孩子的自信心和积极的自我认同。引导孩子正确对待他人的评价，父母不妨这样进行尝试：

（1）告诉孩子：你是独一无二的

　　父母告诉孩子："你是独一无二的，没有必要完全按照别人的评价生活！"父母也可以降低对孩子的要求，不要事事追求完美，让孩子感受到父母的爱是无条件的，无论他是否可爱、聪明，是否优秀，父母都会一样爱他。

（2）提高孩子的认知水平，让孩子学会接受客观的评价

评价总是带有个人情感色彩的，父母要帮孩子辨别这些评价中，哪些是客观的、符合事实的，并让孩子学着接受。

（3）对别人的错误或恶意的评价可以置之不理

在评价里面，有很多随意的否定，恶意的抨击，对于这样的评价，孩子们完全可以置之不理。比如，同学因为忌妒孩子画画好，可能会在别的方面打击孩子"笨死了，打个球都打不好，真没见过这么笨的人"。对于这样的评价，孩子就没必要在意。

（4）增强孩子的自信心

让孩子多发展一些兴趣爱好，增强孩子的自信心，给孩子"走自己的路，让别人去说吧"的勇气。

心理测试——你能不能抵挡棉花糖的诱惑?

20 世纪 60 年代，斯坦福大学心理学家沃尔特·米歇尔做了一项著名的"棉花糖实验"。检测 4 岁左右的孩子控制自己冲动的能力。先后有 600 多名孩子参与了这项实验。

实验是这样进行的：让一个孩子坐在一张桌子前，研究者在桌上的盘子里放一颗棉花糖，并告诉孩子他要离开房间 15 分钟。如果他回来后，孩子没有吃掉桌上的糖，就会再给他一颗作为奖励。如果孩子吃掉了这块棉花糖，就不会有第二颗的奖励了。

结果，有些孩子马上把糖吃掉了；有些孩子会忍耐一会儿，闻闻味道，但是终没忍住；也有些孩子东张西望，转移注意力，成功等待了 15 分钟，按照之前的约定，得到了第二颗棉花糖。结果显示，有 1/3 的孩子，能够做到延迟吃糖，成功地坚持到了最后。

18 年之后的跟踪调查发现：相比没能等到 15 分钟的孩子，当年得到第二颗糖的孩子，也就是"自我延迟满足"能力强，自控能力强的孩子，在青春期的表现更出色，更能持之以恒，学业也有更好的表现。

为什么会有这样的区别呢？研究者解释道：那些能够抵制住诱

惑的孩子，懂得用别的方式来转移注意力。这给我们提高自控力提供了一个方向。

但是有几点也需要我们注意：

（1）大人在孩子心目中的"诚信度"会影响孩子的选择。比如，大人平时有失信于孩子的经历，那孩子就可能不那么信任你，见到想要的东西，会选择先占有。

（2）孩子和"实验者"的关系也很重要，如果家长经常对孩子严厉要求，监管过严，不满足孩子的需求，那糖果在孩子心目中就是稀缺资源，一旦没有人控制，就可能马上占有这一"稀缺物品"。

如果孩子在3岁以前的生活中，有足够多自主的机会，父母能够充分接纳并回应他的情感，他的自控能力就会越强。但并不是说父母要随时随地满足孩子在物质上的需要，而是理解、接纳和陪伴孩子。米歇尔在1992年的报告中指出，5岁似乎是一条重要的分界线：4岁以下的孩子大多不具备延迟满足的能力，自控力非常弱，而5岁以上的孩子就明显出现了早期萌芽。所以父母不必刻意地去训练孩子，比较重要的是给孩子提供支持。

第4章

社会发展适应篇

　　随着孩子的成长，他逐渐迈出探索世界的脚步，早教班、托班、幼儿园出现在孩子的生活中，同伴之间的玩耍和交往带给孩子不同于和父母的交往体验。孩子的社会发展适应受哪些因素的影响？如何提高孩子的社会适应能力呢？

1 胆小怕生是什么原因——解读孩子社会适应性的发展

孩子多大年纪开始喜欢跟其他小朋友一起玩？孩子的友谊是怎么发展的？孩子如何交朋友，如何适应新环境？

⊙ 0 ~ 3岁的"小老师"

凡凡快8个月大时还不会爬，肚皮总是贴着地，在家里他"奋力"地练习了好久，还是爬不起来。爸爸妈妈带着凡凡去上早教班的试听课，打算天气不好的周末就带孩子过来玩。一起来了很多小朋友，他们和凡凡一般大。有的小朋友已经会爬了，在爬行垫上一刻也待不住。凡凡跟在这些小朋友后面，模仿他们的姿势，很快就学会了爬。爸爸妈妈又惊又喜，在家总也学不会的动作，在"小老师"的示范下变得如此容易！

一些研究指出，通过社会互动，孩子可以从其他"专家"伙伴那里学到新技能，并拥有向其他孩子学习的惊人能力。家长可以增加孩子与同龄小朋友互动的机会，让孩子的模仿能力有发挥的空间。

孩子在很早的时候就学会了表达和解读情绪，这种能力不仅有助于他们体验自身的情绪，他们也可以参考别人的情绪来理解模糊社会情境的含义。

23个月的姗姗专注地看着她的哥哥小宇和他的朋友达达大声地说话、打斗，她不知道发生了什么，她看了一眼妈妈。妈妈知道小宇和达达是在玩耍，于是冲姗姗微笑，姗姗看到妈妈的回应，也跟着笑起来。

孩子会有意地搜寻关于他人感受的信息，以确认模糊环境和事件的含义。这是一种相当复杂的社会性能力，早在8～9个月时，孩子就可以依据妈妈的表情来判断是否要玩一个新玩具。在某种情景下，婴儿接受到来自父母的非言语信息是冲突的，比如，对孩子把玩具丢满地，妈妈的表情十分恼怒，而爸爸理解孩子的淘气，冲孩子调皮地一笑。孩子就不能立即明白这个情景意味着什么，可以预见的是，他更可能在父亲面前表现出不受拘束的一面。

2岁的孩子开始有共情能力的萌芽，开始理解别人的心理和情绪状态，他们有时还会去安慰或帮助别人。孩子与父母、兄弟姐妹、家人以及其他个体之间形成的联结，是以后生活中所有社会关系的基础。尤其是孩子和父母之间的依恋关系，如我们在第一章中所述。虽然还没有发展出传统意义上的友谊，孩子与同伴的社会交往也表现在多个方面，最初几个月他们看到同伴就会微笑、大笑或愉快地尖叫；9～12个月孩子会互相给予玩具，也会一起玩"躲猫猫"的游戏、互相追逐，这些尝试有助于孩子形成一种能力，即引发他人的回应，然后再对这些回应做出反应。这是社会交往的基本能力。

随着孩子年龄的增长，他们开始互相模仿，孩子的模仿具有社交功能，也是一种有效的学习途径，凡凡就是从"小老师"那里模仿到的技能。

⊙ 3～6岁游戏忙

到了学前期，很多孩子开始发现同伴友谊的快乐。孩子一般在3岁左右开始发展真正的友谊，同伴满足了孩子对陪伴、玩耍和娱乐的需求。随着年龄增长，孩子对友谊的关注点也在不断地变化，3

岁的孩子对友谊的关注点是一起玩耍的快乐，和谁玩得愉快谁就是我的好朋友。大一些的学前孩子更关注信任、支持和共同的兴趣。但一起玩耍一直是学前期友谊的重要部分。

⊙ 孩子的游戏

帕滕根据游戏的社会性把游戏分为平行游戏、旁观者游戏、联合游戏和合作游戏。

平行游戏是学前早期孩子的典型行为，孩子用相似的方式玩相似的玩具，但彼此间没有互动，比如，孩子并排坐在一起，各自玩自己的小汽车、拼拼图或者捏小动物等。

旁观者游戏在学前孩子中很普遍，当孩子想要加入一个游戏的时候很有帮助。在旁观者游戏中，孩子仅仅观看别人玩耍，自己并不参与，他们只是静静地看，偶尔也会给出一些鼓励或建议，比如，孩子观看群体中其他小朋友玩玩具车、堆黏土或者拼拼画。有时孩子想加入一个游戏时也先在一旁观看，然后等待机会加入到游戏中。家长或老师在鼓励一个害羞的孩子加入到一群小伙伴中时，可以引导孩子先采取旁观者游戏的形式，等孩子和小伙伴熟悉一点的时候再小步推动孩子加入游戏。

在学前末期，孩子逐渐发展出联合游戏和合作游戏。在联合游戏中，两个或多个孩子通过分享或转借工具进行互动，比如几个孩子都在玩积木，他们之间会互相交换积木。在合作游戏中，孩子才真正与他人一起玩耍，轮流做游戏或发起竞争。孩子轮流让自己的玩偶说话，或者你一言我一语，对赛车比赛的规则达成一致。

随着孩子认知水平的提高，假装游戏在一定程度上变得更加脱离实际，更有想象力。发展心理学家维果斯基认为，孩子的认知发展依赖于与他人的互动。他认为通过假装游戏，孩子有机会练习自己所处文化中的日常活动，如假装做饭、购物等等，有助于扩展他们对世界如何运转的认识。

劳伦斯·科恩[1]是一个非常重视孩子游戏的心理治疗师，他认为游戏可以帮助孩子在玩闹中消化一些负性情绪，通过角色扮演，孩子可以还原一些情景，并理解不同角色的感受，理解自己当时的感受。这类的角色扮演有助于缓解孩子一部分被压抑的情绪。科恩认为游戏是孩子的语言，通过游戏可以修复或重建亲子联结。有一次，他对他的女儿失望又生气，他的女儿说"我们来假装我是你女儿，你是我爸爸，然后你在生我的气"他心想"这是眼前的事实啊，根本不需要假装"，但是当他听从他女儿的建议后，很快他的怒火就不见了，气氛变得很欢乐。游戏不仅让他们安然度过"一触即发"的瞬间，也增进了他们之间的亲密感。实际上，当孩子感受到大人愿意跟他们一起玩时，大人就已经走近了孩子的世界。

⊙ 孩子的个体差异：为什么有的孩子胆小怕生

有的孩子胆小怕生，有的孩子似乎不怕陌生环境和陌生人，形成这些差异的原因有多种，气质类型、家庭环境等都与之有影响。

---

[1]劳伦斯J·科恩((Lawrence J.Cohen))在《游戏力》中详细描述了家长可以怎样在日常生活中使用游戏，来化解一些养育过程中的难题，相信会对你的育儿观念有所启发。

气质是一个孩子天生的个体特点。有的孩子刚出生"脾气"就特别大，饥饿的时候，他们会长时间地、大声地哭喊，挥拳蹬脚，似乎在"抗议"；有的孩子比较随和，情绪比较稳定，他们哭时很容易被安慰，即我们常说的"好带的孩子"。

　　气质的维度涉及孩子的活动水平（活动时间和不活动时间的比例）、接近—退缩（对陌生的人或环境是接近还是退缩）、适应性（孩子适应环境变化的难易程度）、心境的质量（友善、喜悦、愉悦的行为和不友善、不高兴行为的对比）、注意广度和持久性（孩子专注于某一活动的时间量和活动时分心事件的影响）、注意分散（环境中分心事件改变行为的程度）、节律性（或规律性，饥饿、排泄、睡眠、觉醒等基本行为的规律性）、反应的强度（孩子回应的能量水平）、反应的阈限（引发反应所需的刺激强度）等多个方面。托马斯和切斯根据气质把婴儿分为三种类型：

　　容易型婴儿，大约有40%的婴儿属于这个类别，他们具有积极的性情，情绪处于中低强度状态，饥饿、排泄、睡眠等生理机能活动有规律，容易适应新环境，爱玩，对成人的反应较强；

　　困难型婴儿，大约有10%的婴儿属于这个类别，他们有更多消极的心境，总是在哭，且不易抚慰，进食烦躁不安，对新环境适应较慢，并且倾向于退缩，与成人关系不密切。父母需要花费很大力气才能使他接受抚爱。困难型婴儿由于经常哭泣，脾气较大，父母在养育他的过程中会感受到更多的挫败感。

　　慢热型婴儿，大约有15%的孩子属于这个类别，他们心境普遍比较消极，不太活跃，对环境表现出相对平静的反应，常常安静地退缩，对新事物适应缓慢。如果坚持给他积极地接触，会逐渐产生

良好的反应。

　　还有约35%的婴儿，表现出混合的特点，比如有的婴儿可能有相对快乐的心境，但是面对新环境时却有消极的反应。

　　父母的教养方式会导致孩子行为上的差异。心理学家戴安娜·鲍姆林德把父母的教养方式按照其对孩子是否有要求以及对情感回应的程度分为四种：权威型父母、放任型父母、专制型父母和忽视型父母。

父母的教养方式[2]

父母对孩子控制维度	有要求的	没有要求的
父母对孩子的情感回应	**权威型**	**放任型**
高情感回应	特点：制定清晰一致的规则限制 与孩子的关系：他们对孩子倾向于严格，但同时深爱着孩子，给予孩子情感支持，鼓励孩子独立。他们跟孩子讲道理，解释为什么应该按照规则行事，与孩子交流他们施加惩罚的原因	特点：不严格且不一致的反馈 与孩子的关系：基本上对孩子不做要求，并且不认为自己对孩子的行为负有责任。他们很少限制孩子的行为
	专制型	**忽视型**
低情感回应	特点：控制、惩罚、严格、冷漠 与孩子的关系：他们要求无条件服从。他们不允许孩子有不同的意见	特点：漠不关心和拒绝行为 与孩子的关系：认为父母只给孩子提供衣食住行即可，与孩子情感疏远

【2】本表摘自费尔德曼《孩子发展心理学》，苏彦捷等译。

放任型父母的孩子倾向于依赖他人，人际交往、情绪调控和自我控制能力较差；专制型父母的孩子更倾向于性格内向，交往主动性低。他们不是很友好，在同伴中表现得也不自然，女孩可能更依赖父母，男孩则容易表现出攻击性；忽视型父母对孩子的投入较少，他们的孩子在情绪发展上较为混乱，孩子感到不被爱，在感情上易疏离，这不利于他们身心的健康发展。

　　而权威型父母的孩子多表现为独立、友善、有主见且具有合作精神，他们追求成就的动机很强，常能获得成功并获得他人的喜爱。在人际关系和自我情绪调控等方面他们也有良好的表现。

　　需要注意的是，父母的教养方式虽然很重要，但并不是孩子健康成长的秘诀，孩子的成长是一个非常复杂的过程，他们多少都具有复原力（即从创伤中复原的能力），也有很多放任和专制型父母的孩子发展得很好。父母养育孩子的过程也是自我发现、自我成长的过程。父母的教养方式也可能随着父母自我认识的加深、对孩子发展知识的了解等有所改变。教养孩子是一门艺术，需要父母的学习，接纳自己和孩子的现状，很多时候，当父母跳脱出刻板的条条框框后，就有机会根据孩子的实际需求，创造性地解决问题，打开教养孩子的理念和思路的新境界。

2 带孩子融入社会：提升孩子的社会适应能力

提升孩子社会适应能力的关键是培养孩子的独立能力、同理心，以及引导孩子学习社会规则。

⊙ 从小处着手培养孩子的独立性

奇奇3岁半，爸爸妈妈平日里忙于工作，在家里主要是爷爷奶奶照顾。奇奇在家很霸道，什么事情都要依着他来，不然就大哭大闹。但是孩子在外面却胆小谨慎，不知道怎么和别的小朋友交往，受了欺负要么不知所措，要么就回来发脾气。妈妈很想知道应该怎么帮助奇奇。

奇奇的家庭是典型的"4+1"模式，孩子在家里几乎是生活的重心，孩子还没有喊饿，美味的食物就摆在他面前；他想自己穿衣服了，"我来帮你穿吧，更快"；他踮着脚一边玩水一边洗碗，家人又担心他着凉了，说"奇奇乖，长大了再帮我洗碗，好吗？"

随着孩子自我意识的发展，他们会萌发出许多自己做事的愿望，但是又做不好，比如，自己系扣子时，对不齐，易错位，爸爸妈妈着急去上班，就取消了他自己系的机会，想着"周末你再自己穿"；孩子洗碗，不是把水洒了一地，就是弄自己一身水，家长常常不满意孩子做事的效率和效果，而选择代劳。

父母要允许孩子犯错，对他做的事情不要按照成年人的标准过分挑剔，鼓励他们做事的积极性，启发他们怎样可以做得更好，并给予良好示范，因为这些日常生活的小事也是孩子锻炼独立性的好机会。

在家里父母可以约定一些孩子说了算的事情，比如他的玩具可以自己收纳，也由他自己决定是否要跟别人分享；在亲子阅读中，让孩子有机会选择自己想听的故事。在这些事情上，家长可以给出建议，但不能强迫孩子服从。

当孩子犯错时，要让他们认识到自己行为的后果，并学着为之负责。跳跳的妈妈给孩子分配家务活动是"倒垃圾"，有一天，妈妈陪着他去倒垃圾，但是垃圾太多了，不小心撒在了楼道里，怎么办呢？妈妈说，我们可以想什么办法解决呢？跳跳说我自己把它收集起来。他回到家里拿了扫把、铲子和垃圾袋，一点点把垃圾收拾好，妈妈也帮忙给他撑垃圾袋。没用 10 分钟，这节"责任教育"的亲子互动就完成了。

家长要给孩子空间让他们去成长，为他们设置合理的目标，并承受一定范围的紊乱和不确定感，说不定，孩子的创造力会给你带来惊喜。

⊙ 从共情开始提高孩子的同理心

3 岁半的小优在听到两个同伴抱怨没有足够的橡皮泥后，他把自己最喜欢的橡皮泥分了一半给他们。小优表现出的就是利他行为，这是亲社会行为的核心，此外亲社会行为还包括合作、谦让、助人、安慰、捐赠等。孩子在 2 岁前就会帮助他人、共享食物以及安慰别人。甚至更小的孩子会在成年人帮他换尿片时会帮忙递尿片。

同理心和共情是亲社会行为的基础，在情绪能力的发展中，我们有提及父母如何共情孩子，怎么去体会孩子的感受，如何用语言帮助孩子标记和表达内心的感受。亲子之间的情感交流能使人进入

一种融洽状态，使父母和孩子充满活力和幸福感。融洽的心理感受有助于孩子形成更强的自我感，增强他们的自我理解能力，培养同理心。

孩子的分享行为

常常有爸爸妈妈担心孩子不愿意同其他小朋友分享玩具是不是自私的表现，其实对2～3岁孩子的来说，这是很正常的行为，这个时期的孩子逐渐有了"物权"的意识，伴随孩子自我意识的发展，开始将自己和他人区分开，并逐渐把这种区分延伸至物品和玩具上。

家长要理解这是每个孩子都会经历的阶段，只是孩子表现的程度有差异，家长不能强迫孩子分享，可以在日常生活中创造游戏机会让孩子体会到分享的乐趣，引导孩子的分享行为，比如，陪孩子读绘本时，妈妈翻一页，孩子翻一页；搭积木时，孩子搭一块，爸爸搭一块；家里有好吃的，孩子吃一口，妈妈吃一口……

家长可以给孩子自主管理玩具的机会，由他们自己决定是不是要分享给别的小朋友。只有孩子真心愿意和别人分享时，他才能体会到分享的快乐，此时家长要给予孩子鼓励；因为2～3岁的孩子很在意父母的态度和评价，他们可能违背自己的意愿去分享，以赢得父母的肯定，对于这样的孩子，父母尤其要注意察觉孩子真实的感受。

⊙ 小伙伴的影响可真大

同伴关系有助于促进孩子认知能力的发展，帮助孩子清晰自我概念，同伴玩要提供机会让孩子学习社交技能和策略，随着社会活动的增多，同伴友谊逐渐成为孩子积极情感的重要后盾。

父母可以通过创造机会、有效指导等提高孩子良好的社会交往技能。

轩轩是一个内向的小朋友，2岁9个月了，不敢主动和小朋友玩，妈妈就邀请别的小朋友到家里玩，或者约着朋友们带着孩子一起去郊游。活动开始前，轩轩妈会带领小朋友们一起玩游戏，轩轩看到自己熟悉的游戏，就放心大胆地加入了，在游戏中很快就和小朋友熟悉起来。

⊙ 爸爸和我一起玩儿吧

3岁以后，孩子开始迈出探索世界的步伐，父亲的参与不仅能缓解母亲和孩子分离的焦虑，也能减少孩子离开妈妈的愧疚感，因为离开妈妈意味着一种背叛，但如果是去找爸爸，孩子的这种不适

感会相应减少。

父亲在孩子体格发育方面的影响占优势，父亲体力充沛，孩子可以体验到与妈妈相处时不同的游戏、玩耍项目。父亲是孩子个性品质形成的重要示范，比如，独立、勇敢、果敢、开朗、宽容等。

尽管爸爸和孩子之间的联结在有妈妈的情况下是辅助性的，但是耶鲁大学的最近的一项研究表明，男性带大的孩子智商较高，在学校里的成绩更好，走向社会也更容易。这从一方面说明父爱是孩子智力发展的催化剂，可能是父亲的经验、知识、想象力及问题解决导向的思维有助于激发孩子的求知欲和好奇心，有父亲的示范和指导能增强他们挑战困难的自信。

父亲是孩子性别角色正常发展的重要条件，对于男孩来说，他可以从父亲那里学到如何树立男子汉的气概，学习怎样做一个男人。从父亲对妈妈的态度中学习怎样和异性交往。

有一家人，父亲比较忙，常年出差，儿子几乎没有和父亲完整地待过一天，儿子26岁的时候，他们一家接受家庭治疗，父子听从了咨询师的建议，与儿子一同去旅行。这段旅行途中，儿子对父亲有了新的认识：原来他背负着这么多的压力。父子关系也通过这次旅行有所加深。

对女孩来说，爸爸是他接触到的第一个男性，通过与爸爸的相处可以让他学会如何和男生交往。如果父亲能欣赏女儿，他会更认同自己的女性身份，更加自信，在成年以后的异性交往中不易迷失自己。

爸爸是如此重要，但调查显示，经常独立带孩子的爸爸只有21%，大多数（55%）的爸爸只是偶尔带孩子，甚至30%的90后爸爸几乎没有独立带过孩子。有34%的年轻爸爸感到压力较重，并且随着孩子的成长，爸爸们的压力有增加趋势。约有一半的爸爸在有了孩子后，会更多地待在家里照顾家人。

爸爸们爱工作，除了有真实的经济压力外，也有内心焦虑的投射。男人有了婚姻和孩子后，他们会有些害怕，担心妻子会一门心思地照顾孩子，对他会减少关注，这种被忽视感和他们童年时与母亲分离的痛苦感交织起来，增加了他们的焦虑和恐惧。

所以夫妻间一起建立良好的关系，在有孩子以后更要增进双方的理解和支持，因为这个时候也是女人最脆弱、最需要帮助的时候，有的妈妈也担心自己是不是能胜任"妈妈"这一角色。如果双方能感受到自己的焦虑并表达给对方，就有机会互相鼓励，完成"爸爸""妈妈"的角色转变；在爸爸参与育儿时，家人不要太过挑剔，要鼓励他进步；爸爸可以提高自己的工作效率，腾出和家人休闲娱乐的时间，每周一次和孩子玩耍。

⊙ "孩子，你不可以打人！"

婴孩子时期孩子因为缺乏母亲充足的搂抱和抚摸，导致心理缺乏安全感和信赖感，容易出现较多的退缩或攻击行为。家长可以多和孩子进行肢体接触，尽可能多地抚摸或拥抱孩子，以增强孩子的安全感。

攻击性行为是指故意对人身和财产造成伤害并且没有理由的行为，学前孩子的攻击行为分为多种：单纯的愤怒和发脾气或失去控制；为了获得玩具或物品而发生的抢夺、推搡等行为；故意欺负别人或故意伤害别人。一般男孩比女孩更具有攻击性，并常用身体攻击他人；女孩多为言语攻击和关系攻击，且多指向女孩，比如，和伙伴们一

起孤立某个女生，这可能是因为女生天生更注重关系，知道这种"孤立"会伤害到另一个女生。

孩子的攻击行为与多种因素相关，比如身心发育水平、父母养育方式等。孩子自我意识水平低，自我控制能力差，更容易出现攻击行为；孩子受挫后不知道如何自我调节，更容易使用攻击来缓解内心的紧张感。父母应反思是否过分溺爱，或者是否采用暴力的方式来教育孩子。因为暴力不仅不能达到教育的目的，还会给孩子形成一个错误的示范。

⊙ 我们可以在游戏中打闹

我们可以创设游戏情境，让孩子在游戏中合理地宣泄自己的情绪。有些孩子可能由于害怕惩罚而强行抑制自己的攻击意向，长此以往，他内心就积攒了不能顺利宣泄的焦虑，有的孩子会转向其他不良习惯，比如啃指甲等。孩子精神分析一般认为啃指甲的行为是孩子对自己攻击性的抑制。有的孩子在玩黏土游戏时，拼命地挤压、摔打黏土；有的孩子在模仿战斗场面时相互间"打打杀杀"。这些行为都有利于孩子把平常不良情绪通过这种"破坏性"游戏释放出来，从而维持心理平衡。

影视媒体中的暴力镜头会增强孩子的攻击性，因此家人应该尽量避免让孩子观看这类视频。家长可以跟孩子多讲故事，亲子阅读时可以跟孩子一起细细体会小主人公的心情，引导孩子体验他人的情绪，比如，大卫被抢去玩具，非常生气，他气得直跺脚，但是他知道打人是不对的，他可以去和小伙伴商量两个人一起玩，或者轮流玩，你瞧，他们一起玩多开心呀！家长和老师要鼓励孩子的合作行为，并创造机会让孩子互相合作，鼓励孩子的分享、互助等亲社会行为。

⊙ 学会打闹——科恩的打闹规则[3]

父母和孩子可以通过设置规则，在保证安全的情况下打闹。在打斗游戏中，孩子不仅在练习攻击能力，也在练习对自我的约束和控制。科恩的打闹规则如下：

（1）保证基本的安全。如，不能打、不能踢、不能咬、不能捶、不能卡脖子，但可以推拉，因为推拉更安全，也更有助于建立自信和联结。

（2）发掘可以联结的机会。比如，休息时的拥抱等。

（3）寻找一切机会，增强孩子的自信和力量。

（4）鼓励孩子把过去的挫折感宣泄出来。

（5）根据孩子的需要，适当增加难度。打闹的目标不是输赢，而是让孩子充分利用内在的力量，同时又不会伤害别人。

（6）仔细观察。孩子是否享受这个游戏，如果发现孩子没有目光接触、放弃、无故愤怒或者试图伤害你，孩子可能需要通过休息一下来平复。

（7）通常情况下，让孩子赢。

（8）当有人受伤或不愉快时，立刻停止。

【3】选自劳伦斯·科恩著《游戏力》，李岩译。

3 社会适应性相关案例解析

【案例一】 "小气"孩子不分享

小雅马上就3岁了,可是总显得"霸道小气"。小朋友来家里做客,她霸占着所有的玩具不让别人玩;自己喜欢吃的东西不允许别人吃;在幼儿园里面他也会霸占一些自己喜欢的玩具,不让别人玩;别人拿了他的玩具一定要抢回来,还会因此打别的小朋友。妈妈担心这样发展下去,小雅会不会成为一个自私自利的人。

心理学分析

家长见到孩子不分享,会担心孩子因此养成自私的品质,其实孩子不分享的原因有很多:

(1)孩子心理理论水平较低导致他们不分享。儿童心理理论是孩子关于自己和他人心理状态(如愿望、意图)的理解和认知。简单来说,就是孩子站在他人立场上思考问题和理解他人感受的一种能力。一般来说,3岁之前孩子的心理理论水平还处在初级阶段,共情能力非常有限,所以他没有办法体会到别人也想玩玩具、吃美食的心情,这个阶段的孩子不分享的行为是非常正常的现象。有一些孩子虽然心理理论非常有限,但为了获得父母的喜爱、老师的表扬,也愿意分享,此时的"分享"并不是孩子自发自愿的分享行为。

(2)蒙台梭利的理论研究指出,孩子2岁多进入物权意识敏感期，经常会说"这是我的""那是我的"，什么东西都不肯和别人分享。这并非孩子自私，而只是孩子发展的一个阶段。

（3）家庭教养方式也会影响孩子的行为。现在的家庭中，父母和祖辈可能会把大部分的注意力放在孩子身上，祖辈也容易溺爱孩子，这样会强化孩子以自我中心的意识。孩子理所当然地认为一切都要围着他转，在和别的孩子交往过程中也不会与别人分享。

优儿学堂 YoKID 支招

（1）不强迫孩子分享他的个人物品

如果有小朋友想玩他的玩具，应当先征求他的意见。如果他不同意，就不能勉强他或喋喋不休地给他做思想工作，以达到让他分享的目的。尤其是孩子特别喜欢的一些物品，寄托着孩子深厚情感的物品，不强迫孩子分享。只能告诉别的小朋友，自己的孩子不同意，请他先玩别的玩具或等到他同意时再分享，或者鼓励小朋友们自己

想办法解决。

（2）尊重和征询孩子的意见

在日常生活中如果要使用他的东西时，也要先询问他是否同意。反过来，如果他要用其他人的东西，他也要询问别人的意见，经过同意了才能用。

（3）游戏方式，让孩子体会到分享的快乐

通过情景设置和角色扮演的游戏，让孩子体验到和别人分享的快乐，逐步培养孩子的分享意识。比如，小朋友过生日时，让孩子把蛋糕分给爸爸妈妈扮演的"小朋友"，大家开心地吃蛋糕、做游戏，让孩子感受到和大家一起分享也是一件很快乐的事情。

【案例二】孩子插嘴爱表现

晶晶的表现欲望很强，在家里她经常会打断别人讲话，让所有的人都听她讲；有人来做客，她也会不时地插嘴"妈妈，我要喝水""妈妈，我要看电视"……晶晶在幼儿园上课时也爱插话，引起了老师的反感。爱插话的孩子是不是太自我、不会倾听呢？

心理学分析

孩子插嘴不一定是坏事，他喜欢发表自己的看法，是很正常的事。3～6岁孩子的思维以自我为中心，这是孩子心理发展过程中正常的阶段性心理现象，与成人眼中的自私有极大的差异，自私是有意

识的行为，孩子的自我中心受其思维发展所限，是无意识的行为。

孩子插话除了思维上的"自我中心"顾及不到他人外，还有几种可能的原因：

（1）孩子对谈话中的部分内容感到好奇，迫不及待地想解决心中的"疑问"。

（2）别人谈话的内容，孩子曾经听说过或有点似懂非懂，产生"共鸣"，心情激动，急于想表现自己，讲一讲自己的"看法"。

（3）孩子独自玩耍或尝试做某件事遇到了困难，急于寻求帮助，他可能会不顾场合地打断别人的谈话。

孩子因为好奇、求助和表现自己插嘴，根源还是孩子的自我意识萌芽，想要更多地表现自我，但是孩子的自我控制能力发展得不是很好，不能等别人表达完后再发表看法。

孩子的年龄小，神经纤维还没有充分髓鞘化，情绪的兴奋多于抑制，因此他们的自我控制能力比较弱。

优儿学堂 YoKID 支招

家长对孩子的这种行为既不能放任不管，又要注意处理方式。

（1）当孩子对大人谈话内容提出疑问，或独自遇到困难求助时，千万不要因一时恼火而当着他人的面训斥孩子，否则就伤害了孩子的好奇心和自尊心。家长可以跟孩子讲明，谈话结束后再解答，再夸奖他一句"你真爱动脑筋"。这样孩子会很容易接受家长暂时的不回应。但家长事后一定要兑现诺言，并告诉孩子在别人谈话时随便打断是不礼貌的。

（2）如果孩子对大人谈及的内容产生共鸣，急于表达自己的意见，家长不妨给孩子一个表现的机会，可以先征求交谈对象的意见，然后让孩子参与进来。不过，谈话结束后家长要很委婉地向孩子指出随便插话是不对的。这样既满足了孩子的表现欲，又能让孩子愉快地接受家长的教导。

（3）教孩子一些说话的技巧。比如，想要加入别人的谈话，首先要听清楚别人谈话的内容，然后尽量准确地说出自己的想法。插话时不能大声喧哗，咄咄逼人。如果孩子在不恰当的时候插话，家长不妨和孩子商量一下："等妈妈和阿姨讲完了你再说，行吗？"让孩子明白只有在别人说话停顿或告一段落时才可以插话。

（4）言传不如身教。家长要注意自己的"言行"，特别是"行"，孩子的模仿能力较强，并缺乏一定的辨别能力，家长可以给孩子树立一个倾听的榜样：在孩子和你辩论时，耐心地听完孩子的话再给予回应，孩子体验过被倾听的感觉就更有可能去倾听别人。

（5）在游戏中训练孩子倾听的能力，比如，让孩子认真地倾听游戏规则，认真地倾听别人的话。

【案例三】多关注受欺负的孩子

有一天，诺诺回来的时候，衣服带子掉下来了，玩具汽车也损坏了。妈妈耐心地询问后才知道诺诺在和小朋友抢玩具的时候被推倒了，衣服带子被扯掉了。妈妈很担心，也很激动：孩子被欺负了，怎么办？

心理学分析

父母看到自己的孩子在玩耍中被推倒，或者看到有人抢孩子的玩具，头脑中会立即拉响警报"孩子被欺负了，那怎么行！"。有的家长会立即冲出去保护孩子，或找老师、对方家长"控诉"，替孩子"摆平"。

家长在遇到这些情况时可以先分清这是一个"正常冲突"还是孩子真的"被欺负"了，尽管这一点不容易做到，因为情绪是瞬间升起的。但是孩子间的推搡、争抢、打闹是很常见的，孩子的身心都处在发展阶段，思维以自我为中心，不太会顾及别人的感受，他们的行为控制能力和分辨是非的能力也较差，如果家长过于关注孩子之间的摩擦，孩子也会在人际交往中更关注别人是否对自己有恶意，甚至会把很多不是欺负的信息理解为欺负，这对孩子的安全感、社会支持的建立以及长远的人格发展都没有好处。有些孩子会无意识地接受了自己是"受害者"的评价，强化了"受欺负"的感觉，结果真变成一个哭哭啼啼的受气包，"验证"了父母的评价。

欺负通常是持续的、带有恶意的、力量悬殊的双方之间的冲突。

孩子处在自我认知的形成阶段，长期被人欺负会使得他自我否定，没有自信。对欺负者而言则有攻击性增强的风险，由于发现简单粗暴的方式可以有效地解决问题，会促使他惯用"武力"解决问题，对孩子将来的性格发展和成年后的人际关系十分不利。

 优儿学堂 YoKID 支招

（1）如果孩子的冲突没有安全危机，很多时候父母可以不介入，在一旁观察，给孩子一些空间和时间让他们自己解决，在这个过程中他们的社会协调能力也在慢慢孕育和发展。如果父母立即出面调停，虽然冲突解决了，却也剥夺了孩子宝贵的心理成长机会。

（2）如果父母发现孩子遭遇恶意的攻击行为，就需要及时制止攻击性很强的孩子。制止不是批评和训斥，可以喊停，然后对这个想要攻击的孩子说"弟弟不喜欢被这样对待哦"，然后把孩子带离现场。家长要耐心地、慢慢地告诉孩子，"刚才妈妈看到那个大哥哥可能会伤到你，所以把你抱起来了。宝宝的身体不可以被任何人伤到。以后如果有这样的状况，你可以叫妈妈或者其他人，或者赶紧离开，不跟他继续待在一起，知道吗？"孩子需要通过你对他的保护，慢慢地学会保护自己。

（3）如果孩子已经遭受了欺负，及时安抚孩子的情绪，减轻孩子的自我否定感。当孩子哭着来找你，应该立即停下手中的工作，蹲下与孩子平视，轻轻地抱着孩子，这可以让孩子意识到自己很重要，并且消除孩子的不安。同时对孩子共情："妈妈知道你很难过、委屈"并告知孩子"被人欺负不是没用的表现，每个人都会遇到！"

（4）理性沟通，教孩子自我保护的方法。在孩子的情绪平复后，与孩子讨论"以后再遇到这样的事情该怎么做"。可以用游戏或发问的形式，引导孩子自己想办法。孩子想不出来时，父母可以提供一些意见，比如，可以大声呵斥"不许打人！"对欺负者起到威慑的作用。

（5）培养孩子人际交往能力。鼓励孩子加入游戏团队，如果孩子腼腆害羞，最初的时候可以由家长带孩子去，家长向孩子示范怎样主动友好地让别人接纳自己。比如孩子想去玩滑梯，可以和在那里玩的孩子们打个招呼，"嗨，你们好呀，诺诺也想玩滑滑梯，让他和你们一起玩好吗？

【案例四】偷窃帽子谨慎扣

最近接菁菁从幼儿园回来，书包里多了很多不是她的铅笔、橡皮，问她从哪来的，一会说是捡的，一会说不知道；有一次去朋友家串门，回来的时候居然手里多了一个小蘑菇的橡皮，问她是谁的，说是拿的朋友家。孩子这么小怎么就学会偷了呢，真是伤脑筋啊！

心理学分析

作为父母，切记不要轻易给孩子扣上偷窃的帽子。心理学家认为，3岁前的孩子看到他喜欢的东西，不与别人打招呼就拿了，是因为这个年龄段的孩子不知道别人的东西不能拿，道德的概念还没

有完全形成，只是原始意义的"恋物"而已，所以家长也不要去责怪。而且孩子的物权意识还没有完全建立，比较薄弱，常常分不清楚"自己的东西"和"别人的东西"，这是孩子心理发展水平的局限性导致的。

但一般来说，4～5岁的孩子已经有了一定的物权意识，以"占有"目的去拿别人东西的心理动机大致可分为：

（1）心理平衡动机

孩子看到自己喜欢的东西，别人有，而自己没有，心里想着"那要是我的该多好"，所以把想要的东西通通放入自己的书包。

（2）好奇心理

孩子看见没有看见过的东西，出于好奇就想据为己有。比如，孩子看见邻居小朋友有一个特别新奇的玩具，自己没有见过，就趁其不注意，把它装进了自己的小书包。

（3）希望借此吸引家长或老师的注意

有些家长平时工作较忙，对孩子的关心不够，甚至大部分时间交给爷爷奶奶或者保姆代管孩子，孩子感受不到父母对自己的爱，就有可能通过做一些出格的事让家长注意到自己，这种情况大多是情感匮乏的表现。很多父母对于孩子爱拿别人东西的行为会非常敏感和恼怒，一旦发现孩子有这种行为，都会采取非常严厉的惩罚。可打骂好像并不是十分奏效，往往打骂厉害了，反倒让亲子感情越来越疏远，孩子也越来越感觉到孤独，得不到父母的爱，感受不到家庭的温暖，可能还会引发一些其他的问题。

对于孩子早期的这种爱拿别人东西的行为，如果家长处理不当就会对孩子的健康发展产生不良影响，所以家长要重视孩子的这种不良行为，及时矫正。

优儿学堂 YoKID 支招

（1）给孩子建立物权观念

孩子期的孩子是小小的"自我中心主义者"，一般没有很强的物权观念。在生活中要帮助孩子建立"你的""我的"和"他的"的概念，帮助孩子建立这样的观念：每个人都有自己的私人领域，未经他人同意，不能随便拿别人的东西，拿不属于自己的东西之前要征得别人的同意，当然，拿孩子的东西也必须要经过孩子的同意，父母不要私自做主把孩子的玩具、衣服送人，事先询问孩子的意见，尊重孩子的所有权。

（2）发挥父母的榜样作用

小孩子的模仿力极强，模仿的对象首先就是父母，父母也要严于律己，不贪小便宜，不随便拿别人的东西。发现孩子把别人的东西拿回家时，父母要耐心引导，让孩子及时归还。

（3）耐心倾听孩子

父母发现孩子的这种行为时，要先平复自己的情绪，耐心地引导孩子说出事情的来龙去脉，然后理解孩子当时那么做的情绪感受，再去和孩子讲道理，说明这种行为是不对的，鼓励孩子把东西还给他人。当孩子把东西还回去后父母要及时表扬孩子，孩子体会到父母对自己的理解和信任，类似的事情就会减少。

心理测试——孩子成长优势和潜力

请根据您的孩子过去 6 个月以来的事实和感受，对以下项目进行评分，0 分是不符合，1 分是有点符合，2 分完全符合。

1. 孩子尝试对别人友善，关心他人的感受。

2. 孩子不能安定，不能长时间保持安静。

3. 孩子经常头痛、肚子痛或身体不舒服。

4. 孩子常与他人分享 (食物、玩具等)。

5. 孩子容易愤怒、常常发脾气。

6. 孩子经常独处，通常自己独自玩耍。

7. 孩子比较顺从，通常大人们要求做的事他都会做。

8. 孩子经常担忧，心事重重。

9. 如果有人受伤，不舒服或生病，孩子乐意帮忙。

10. 孩子经常坐立不安或感到不耐烦。

11. 孩子有一个或几个好朋友。

12. 孩子经常与别人争执或吵架。

13. 孩子经常不高兴，心情沉重或流泪。

14. 一般来说，很多与孩子年龄相近的人都喜欢他。

15. 孩子容易分心，很难集中注意力。

16. 孩子在新的环境中会感到紧张，容易失去自信。

17. 孩子会友善地对待比他小的孩子。

18. 孩子经常撒谎欺骗别人。

19. 孩子经常受人捉弄或者欺负。

20. 孩子经常自愿帮助别人（父母、老师、同学等）。

21. 孩子做事前会先想清楚。

22. 孩子会从家里、学校或其他地方偷东西。

23. 孩子和大人相处比和同龄人相处更加融洽。

24. 孩子心中有很多恐惧，容易受惊吓。

25. 孩子能把手头上的事情办妥，注意力良好。

注意：7、11、14、21、25题反向计分。

项目	题号	正常（分）	边缘水平（分）	需要注意（分）
情绪方面	3、8、13、16、24	0 ~ 3	4	5 ~ 10
品行方面	5、7、12、18、22	0 ~ 2	3	4 ~ 10
同伴交往方面	6、11、14、19、23	0 ~ 2	3	4 ~ 10
冲动和注意力	2、10、15、21、25	0 ~ 5	6	7 ~ 10
亲社会行为	1、4、9、17、20	10 ~ 6	5	4 ~ 0

第二部分

7～12岁
学龄孩子

第5章

亲子关系篇

　　良好的夫妻关系能给孩子带来安全感，同时避免孩子卷入父母的关系中；来自父母适度的关注可以让孩子获得向外发展的动力和自由；在亲子沟通中选择合适的沟通方式，这些都有助于亲子关系的健康发展。

1 孩子为什么不听你的话——解读亲子关系中的障碍

有很多家长抱怨自己的孩子调皮，不好管教；也有孩子抱怨父母，觉得爸爸妈妈不能理解自己。这些是什么原因造成的呢？

⊙ 婚姻中有没解决的冲突——父母整理好自己很重要

随着孩子长到7～8岁，你们的婚姻也逐渐进入到一个平淡却又充满不确定的时期。一切都可能像昨天一样安稳地度过，一切又可能在下一秒驶进另一个轨道。你们走过了对婚姻的憧憬，生活变得具体、平凡又琐碎。"满意吗？就这样平稳地生活也挺好的。"你对自己说。

可是家里有一个不守规则的孩子，他对什么都好奇，他不会按照你预设的平稳、安分和听话来过他的每一天。生活对于他刚拉开序幕，他的好奇心遍布生活的各个角落。你的生活就如同桌子上的白瓷瓶，而你的孩子就是那个在瓶子旁边上蹿下跳的顽皮猴子。

"孩子你为什么不能听话老老实实地待着！"

这句话几乎是从李女士的内心吼出来的，他讲完自己愣了一下，似乎是被自己吓到了，"我对孩子竟然有这么强烈的不耐烦！我是很爱我的孩子的！可是有的时候我真的是好累啊！"他的眼泪簌簌地往下掉，此刻他更像是一个需要呵护的孩子。

进入童年中期，孩子变得更有主动性，他们试探着大人的边界，试图挣脱规则的限制。这给一些本身就边界不清楚的父母带来非常大的挑战。他们常常会用父母的权威命令孩子，从心底里认为让孩子听话是父母的责任。他们在心里已经为孩子的发展预设好了轨道，反复比对着孩子的现状和自己的期望，在矛盾不安中审视着孩子的发展。

而这条路是走不通的。孩子本身有其发展规律。如果家长一直想在孩子身上找到一个期望中的孩子，日常生活中就会出现矛盾和权利的争夺：孩子争夺自己的自由，家长想夺回内心里那个"更有希望的孩子"。

在这样的亲子沟通中，家长和孩子都在用高分贝声音和大幅度的肢体语言表达自己内心的不满，但是双方却听不见彼此的心声，挫败感丛生并伴随着深深的孤独。怎么办呢？

家长先从感知自己的内心需求开始吧！

先做一个小练习：用三个词描述你与孩子的关系，再用三个词描述自己孩子时期和父母的关系。

这三个词相似吗？

它们有什么不同？

这些词能准确地概括你们的关系吗？

你能回忆起哪些不符合这些描述的场景吗？

在这些例外的场景中你们的生活故事是怎样的？

在一个家庭中，我们都希望能和爱人、和孩子保持一种充满爱意和持久的关系，所以了解我们彼此内心的需求以及由此引发的情绪是很关键的一步。李女士内心潜藏着对婚姻的不满，而他不敢表达出来，因为丈夫一听到妻子流露出不满就很恐慌，担心是自己的原因，自己不够好。但是他也不会说出自己的恐慌和担心，他更容

易展示出自己的愤怒，愤怒自有一种力量，让妻子停止他的"抱怨"。我们和父母的沟通方式是如此深刻地影响着我们当下的生活。我们可以通过反思自己的成长经历，加深对自我的认知，找到解开心灵迷局的钥匙。

李女士后来意识到，确实像丈夫说的那样，他说出口的需求总隐含着抱怨和指责，似乎丈夫应该对他的幸福负全部责任。他意识到自己对这份婚姻也是有责任的。他开始跳脱出"一个妻子应该如何"的角色束缚，而是发自内心地为家庭做些什么。丈夫感受到妻子的转变，他逐渐感觉到身上的责任不再那么沉重，不再是自己单挑责任的大梁，而是有一个人在分担：这样婚姻中生出的不满就不再完全是他的责任。他开始承认自己内心其实也是有不满的，并且他不再担心是自己不够好，他对妻子不满、对婚姻中不满的承受力更高了。这也为他们留出商讨的余地。

在童年中期，孩子希望能有一个独立于父母控制之外的空间，可以是一个小角落，可以是自主管理的抽屉或房间，并且他可以自由地支配一些个人的时间，他并不想时时刻刻处在父母的监督中。

但他仍需要父母的接纳和鼓励，帮助他确认自己的能力。孩子在受挫后需要得到安慰，需要有人能分享他内心的痛苦和不安，分享他难以承受的挫败感，帮助他看到自己其实可以承受这些负性情绪而带来的力量感。在面临挑战时，他需要父母的引导，需要有人帮助他把一项大任务分解为许多小步骤，然后在鼓励中一点点前进。

当父母理清了自己对婚姻的需求，养育孩子时的心态就可能更从容一些，更容易关注到孩子的需求，给孩子留出更大的成长空间。

⊙ 在日常生活中增加孩子需求的觉察

人是通过分享情感来与他人交往并建立关系的。真诚地与人分享自己的情绪并设身处地地体会对方的情绪，能够为我们和他人建立稳固持久的关系打下基础。

在沟通中，我们不是在简单地分享信息，而是全方位地分享彼此的想法和感受——开心的事情，难过的事情，这些艰难的时刻所遇的问题是什么，我们可以用什么方法来解决。我们用语言和非语言信息传递着我们对一件事情的看法，我们的需求以及需求的强烈程度。

所以，学会倾听非常重要，这样你才能捕捉到对方真实的需求。别急，耐心地听孩子讲完。尤其是对于女孩，他们非常在意语言沟通中双方在互相回应中建立起的关系。孩子对与重要的抚养者的关系是很敏感的。你可能遇到过与孩子发生矛盾后，不一会儿，孩子以"胳膊碰了一下，好疼"哭着找你安慰。如果你能感受到他们对失去和你之间关系的恐惧，就应该给他们一个拥抱，抚平他们内心

的疑虑。

⊙ 对孩子的反馈不切合实际

下面这个案例选自《由内而外的教养》。

萨拉今年4岁半，她有点优柔寡断，对参加社交和集体活动很谨慎，也缺乏胆量去尝试新事物。她的老师曾特意给他提供了一些学习机会，并积极地支持和鼓励她，以此来帮助她建立自信。此时正值春季学期，萨拉开始挑战自己。操场上有棵几年前就倒掉的西莫克树，在地上形成了一座3米长的桥。孩子们喜欢在上面走来走去，他们觉得走在上面很有成就感，但是萨拉从来不敢冒险尝试。直到5月中旬的一天，她的自信突然冒了出来，就像丁香花长出了花蕾。她跳上树干，从这一头走到另一头。这位实习老师一直在旁边注视着她，等萨拉一从树干上下来，他就为萨拉喝彩并表扬她："萨拉，非常好！你做得好极了！你是最棒的！"老师大叫着，激动地一边跳一边挥舞手臂。萨拉则害羞地看着老师，木讷地站着，脸上只有淡淡的笑容。接下来的几周，萨拉还是回避着树干。对她来说，再在上面走一次仍然需要很大的勇气。

这样的情景是不是很熟悉？我们总期望一次巨大的鼓励就能帮助孩子建立起自信，这种做法的逻辑似乎是别人的鼓励能换算成孩子内心的勇气，并且能储存在他们心里。

可事实似乎总不是我们期望的样子，为什么萨拉接受了一次热烈的鼓励后还是对树干回避呢？

当然这位老师真心为萨拉感到高兴，他对萨拉的表现持肯定态度。但是他没有切合实际地反馈出萨拉的感受。萨拉可能是花了很大的勇气才走上树干的，走向树干的一刹那内心还充满一些恐惧，走在树干上时还差点掉下来。老师的反馈是"你是最棒的！"。萨拉可能会有疑惑，"这就是最棒的？我明明看到别的小朋友特别轻松地就过去了呀，老师只是在鼓励我而已"。

怎么样能帮助萨拉巩固他的信心呢？

把萨拉的成就和他内心的感受联结起来，我们一起来体会下面这种反馈有什么不同：

"萨拉，我看到你小心翼翼地挪着脚走完了整个树干。你做到了！你可能有点害怕。虽然这是你的第一次，但是你坚持下来了。你真棒！现在可能更相信自己了。"

萨拉听到这个反馈会感觉如何呢？"哇，老师真的理解了我，这正是我体验到的。对，我有点害怕，原来在害怕时也可能做到一件事情呀。"在成长的道路上，孩子需要得到家长和老师的反馈，他们需要从这些反馈中看到自己，修正自己的行为和动机。

一般我们流行的说法是要给孩子适当的表扬，似乎是在表扬孩子时要稍微克制一下自己的喜悦，用网络流行语表示就是"少一分怕你骄傲"，与其这样说，不如说要给孩子切合实际的反馈更具有可操作性，因为谁知道什么程度的表扬会让孩子骄傲呢。况且一个害羞的孩子在得到一个巨大的表扬后并没有骄傲，反而减少了再次尝试的勇气。

孩子需要的是父母能接纳他的现状，并看到他的努力，在沟通中感知到父母对自己的理解，从而和父母建立起牢固的关系联结，

获得继续往前的动力。了解到这一点，或许你就能从"少几分就不怕孩子骄傲"中解脱，专心地和孩子建立真诚的互动。

这并不是说我们要一直和孩子保持这种密切的反馈，父母的过度关注也会给孩子带来困扰，尊重人际沟通中"联结～独处～再联结"的变化需求，我们并非一直要与孩子保持心灵上的呼应，做"够好足以"的家长就可以了。

2 相亲相爱的一家人：建立和谐亲子关系的技巧

怎么说孩子才会听？应该制定什么样的规则和要求？当孩子不服从时怎么办？如何解决亲子冲突？

⊙ 放松心态，从容育儿

除了担心自己的表扬"不适度"外，家长另一个担心就是"如果我告诉自己的孩子，他已经做得很好了，他是不是就没有足够的动力去做得更好？"我们常常非常担心自己的举动到底给孩子造成了什么样的影响？就好像孩子是一个暗箱一样，我们需要小心斟酌自己的行为，害怕自己给孩子造成不好的影响，在家长的预期里，孩子的未来仿佛是一连串的因果多米诺骨牌，牵一发而动全身。

形成这种认识的原因有：家长本身的成长经历，以及抒情短文里被作者强调的"人生转折的关键瞬间"的描述等。这些关键的瞬间似乎都少了沟通，即互相影响的双方有没有机会就关键事件给彼此造成的影响进行交流，互换视角，并重新思考事情的可能性以及其他解决方式。

我们知道人生真的有关键时刻，这个时候我们内心充满了不确定感，或许我们也可以尝试从容下来，让事情复归为日常生活中的一个调皮的水花。

转眼间，你的孩子已经成为"小小少年"，他有了自己的小伙伴，上学也成为他日常生活重要的一部分。"作业写完了吗？"成了家长的每日必问，谁说不是呢？下午你刚开完会，孩子班级的微信群里，老师已经告知家长今天孩子都有哪些家庭作业。你一边估计着孩子今晚做作业大约需要多久的时间，一边想着今天晚上可以安排什么活动。如果孩子不想做作业，可以预见到孩子和妻子之间讨价还价的争吵。你不禁长吁一口气。这时你收到客户反馈的邮件，对昨天你提交的项目计划给出了几点修改建议。作为项目经理，你非常在意这个项目的进展，因为下个月就会进行高级项目经理的竞选，这是你非常重要的一环。翻开微信，找到妻子，有多久，你们的聊天内容限于"今天回家吃饭""今天不回家吃饭。""孩子今天又不写作业，你也不回来管管"……你刚输完"今天不回家吃饭，加班"，恍然中，你觉得似乎哪里不对劲，还有什么其他的解决办法吗？

如果换一个思路，如果爸爸带上笔记本回家和孩子一起"写作业"，路上再买一束花送给妈妈，这个晚上的情景是不是会有一些不同？从容一些，我们或许能发现更多"共赢"的解决思路。生活是我们创造出来的。家庭的互动方式不仅影响你和孩子之间的互动，孩子也会潜移默化地将此应用到他和别人的沟通中。

⊙ 接纳心态，积极育儿

"虽然今天晚上的题很难，但是我看到你一直没有放弃尝试，最后你终于解出来了，我觉得你很棒！"这是用语言表达对孩子的肯定。孩子做作业时，你放心让他自己做，不会时不时给出建议，这种行为传递出的信息是对孩子能力的信任。当孩子独自玩耍时，你不会随意指导，这就是在用行动说"你这样就很好"。孩子在说话时，你认真倾听，孩子说完了你再分享自己的观点，孩子体验到的就是被接纳：妈妈会给我留出说话的时间，我可以耐心说，不着急，因为妈妈愿意听。

如果你真的理解了这种接纳的重要意义，你就会放弃那些低效的沟通方式，在这些沟通里，父母用命令式的"你必须按照我说的去做"或者教训和贬低来激励孩子"我像你这个年龄时，我做的家务是你的两倍，按说到了你这个年纪应该更明白事理的"。这些能产生效果的方式是以伤害亲子联结或者损害孩子主动性为代价的。

⊙ 积极的谈话技巧

卢森堡博士是非暴力沟通的倡导者和实践者。当我们和别人沟通时，应该避免评价或责备。非暴力沟通的核心是沟通的双方清晰地表达自己的需求，然后双方通过协商，找到满足彼此需要的平衡点。当一个人尝试去改变或鼓励别人的某些行为时，建议从"我"的感受和需求开始对话。

非暴力沟通的四个要素：观察、感受、需求、请求。

一个妈妈回到家后看到客厅茶几下有几只袜子，他非常不高兴，想让孩子帮忙把它们丢到洗衣机里。

他如果用非暴力沟通的方式，可以这么说：

大卫，我回家后看到客厅茶几下有你的几只袜子。（观察）

我不太高兴。（感受）

因为我注重整洁。（需求）

你是否愿意帮忙把袜子拿回房间或丢到洗衣机里？（请求）

类似的表述还有，"我现在很累了，我特别需要有一个人能帮助我做家务。""我现在要休息了，但是我对声音又比较敏感，你愿意把电视的音量调小一点吗？"需要注意的是，在表达这些需求时语气是温和的，人们一般从语言和非语言信息中感知别人的态度，如果两种信息是矛盾的，人们会优先参照非语言信息。所以你用非常生气的低沉语调来发出请求，对方仍然会感受到你语言里的"暴力"~~来自态度的冷暴力。

当父母这样陈述时，孩子能更容易理解到自己行为对父母的影响（"我"随意的行为和妈妈的生活习惯不相符，他需要整洁）。

同时也向孩子传达了一种信任，父母向孩子表达自己的情感，相信孩子会用积极、负责的方式回应自己。

指责型的语言会让对方处于防备状态，想逃离谈话的情景或者准备反击。尽管非暴力沟通不能保证你每一次都沟通顺利，当大卫没有回应时，妈妈仍然可以说"我看你不为所动，我有点难过，因为我不喜欢自己的感受被忽视"。

Julia 是一位 4 岁孩子的妈妈，如今定居在中国。他在自己的公众号上分享了很多美国儿科协会对父母养育学龄孩子的一些建议。比如，当父母和孩子沟通时可以牢记以下几点[4]：

1. 积极聆听。

2. 保持目光接触。

3. 关注孩子的情绪和需求。

4. 尊重孩子的想法，接纳孩子的情绪，不用责备、指责和贬低等方式。

5. 非暴力沟通，表达自己的情绪和需要。

6. 诚实。

7. 合理选择谈话的时间和场合。

8. 确保你和孩子都有谈话的精力，疲惫不利于你们控制情绪。

9. 鼓励孩子的倾听行为。

10. 如果家长对和孩子的沟通一直有困惑，建议寻求专业人士，比如，心理咨询师或儿科医生。

【4】The Complete and Authoritative Guide－Caring for School－Age Child, 5－12, Edward L. Schor, M.D. 等人著，开妈 (Julia) 译，Bantam Books, 2014。

3 亲子关系相关案例解析

[案例一] 夫妻关系是 NO.1

"宝贝，你就是妈妈爱的人了""孩子，你好好学习，妈妈以后就指望你了"。

是不是好多妈妈有了孩子之后就似乎忘记了自己的另一半，每天自己的世界里就是孩子，朋友圈里"晒"孩子，见朋友谈论孩子，和老公的话题似乎也只有谈论孩子。甚至孩子已经很大了，妈妈还把爸爸赶到另外一张床。其实这是一个非常危险的信号，因为建立在忽视夫妻关系基础上的亲子关系，也势必不会很健康。

心理学分析

家庭中居第一位的，应该是夫妻关系，而非亲子关系。夫妻关系是"家庭的定海神针"，为什么这么说呢？

（1）夫妻关系影响孩子安全感的建立。对于幼小的孩子来讲，父母就是他们的整个世界，如果父母争吵，冷漠，孩子可能就感觉世界末日了。孩子在很小的时候，还不能够区分自己的行为和环境的关系，经常会把父母间的冲突归因于自己不好、不乖，从而产生很大的不安和负疚感。夫妻关系好，孩子才会有足够的安全感，在成长过程中才能更好地发展自己。从这个意义上来讲，夫妻关系稳定是送给孩子大好的礼物。

（2）如果夫妻中一方忽视了夫妻关系，而把过多的注意力投注在孩子身上，那孩子的压力就会非常大。多年的家庭咨询经验告诉我们，如果夫妻关系不好，一方家长把过多的关注转投在孩子身上，孩子会感觉压力倍增或者焦虑、抑郁，甚至有可能用逃学、厌学等方式来调整父母的关系。

（3）给孩子树立婚姻榜样。爱与分离，是生命中两个永恒的主题。养育孩子，最终要把孩子推出家门，让他能够独立而自主地生活。他将来也会为人父母，有自己的伴侣，会有自己的孩子。爱，就是在这样的循环中传递着。

如果父母和孩子（尤其是妈妈和儿子）过于亲密，疏远另一半，那么在孩子组建自己的家庭时，父母会极其不舍，甚至会有意无意地阻止儿子与媳妇建立密切的关系。在这种情况下，儿子也知道自己在妈妈心目中甚至比爸爸还要重要。所以，他不忍心"背叛"妈妈与妻子建立亲密的关系。

所以在健康的家庭系统中，夫妻关系必须是家庭中重要的位置。

优儿学堂 YoKID 支招

夫妻关系第一，并不是说我们就可以假手他人，把孩子扔给老人照顾；并不是就一定要在夫妻关系上花更多的时间或者一定要有两人空间；更不是在孩子很小的时候，就不陪孩子睡觉，或者把孩子放在家里，两个人去旅游这样简单的形式上的东西。而是指夫妻之间的情感交流、行为互动应该永远放在第一位。

而且，在平时的言行中就要渗透给孩子：我爱你，宝贝，但是爸爸才是妈妈的爱人，妈妈才是爸爸的爱人，你长大后会找到自己的爱人，组建幸福的家庭。

【案例二】不当表扬"坑"孩子

"宝贝，你真棒""宝贝，你太聪明了""考了100分，真聪明"说到夸奖孩子，父母可以张口就来。可是时间久了，纤纤在这样的表扬下，出现了一些"表扬副作用"：越来越好强了，什么都要争第一，而且经不起挫折，禁不起批评，时刻需要家长的关注，好像对表扬形成了依赖。难道是对孩子的表扬太多，孩子反而骄傲了吗？

心理学分析

其实不是表扬让孩子骄傲了，而是我们表扬的方式不合适，对孩子的评价太多，孩子压力变大了。斯坦福大学著名发展心理学家卡罗尔·德韦克和他的团队历经10年时间，一直在研究表扬对孩子的影响。他们对纽约20所学校，400名五年级学生做了长期的测试研究。

第一轮测试：随机地把孩子们分成两组，让孩子们完成简单的智力拼图任务。几乎所有孩子都能出色地完成任务。每个孩子完成测试后，都会对他们说一句鼓励或表扬的话。一组孩子得到的是一句关于智商的夸奖："你在拼图方面很有天分，你很聪明。"另外一组孩子得到的是一句关于努力的夸奖："你刚才一定非常努力，所以表现得很出色。"

第二轮测试：孩子们可以自由选择参加两种不同难度的拼图测

试中的一种，一种较难，另一种是和上一轮类似的简单测试。结果发现，在第一轮中被夸奖努力的孩子，有90%选择了难度较大的任务。而那些被表扬聪明的孩子，则大部分选择了简单的任务。

德韦克认为"当我们夸孩子聪明时，等于是在告诉他们，为了保持聪明，不要冒可能犯错的险"。这也就是实验中"聪明"孩子的选择：为了保持看起来聪明，而躲避出丑的风险。

第三轮测试：所有孩子参加同一种很难测试，没有选择。那些被表扬聪明的孩子，在测试中一直很紧张，抓耳挠腮，做不出题就觉得沮丧。他们认为失败是因为他们不够聪明。那些被夸奖努力的孩子，在测试中非常投入，并努力用各种方法来解决难题。失败了他们认为是因为他们不够努力。

第四轮测试：第四轮测试的题目和第一轮一样简单。那些被夸奖努力的孩子，这次分数比第一次提高了30%左右。而那些被夸奖聪明的孩子，这次的得分和第一次相比，却退步了大约20%。

德韦克总结说：夸奖孩子努力用功，会给孩子一个可以自己掌控的感觉。孩子会认为，成功与否掌握在他们自己手中。夸奖孩子聪明，就等于告诉他们成功不在自己的掌握之中。这样，当他们面对失败时，往往束手无策。德韦克还发现，孩子都受不了被夸奖聪明后遭受挫折的失败感。尤其是成绩好的女孩，遭受的打击程度更大。所以，多鼓励性的夸奖，少一些评价性的表扬。

例如"爸爸看到你这学期的努力，为你骄傲"（这是鼓励，针对过程和态度）。"爸爸看到你成绩提高，为你高兴！"（这是评价性表扬，针对结果和成效）多一些描述性地鼓励，少一点评价性地表扬，这样孩子就不会被表扬绑架或输不起，也不会为达目的而不择手段。

 优儿学堂YoKID支招

怎样才能做到鼓励性的夸奖呢？

美国家庭教育专家阿戴尔·费伯提倡描述性夸奖，他提出一个描述性表扬的公式：

（1）描述性表扬＝以赞赏的口吻描述你的所见＋你的感受。

需要注意的是，描述性表扬忌讳用评价性的言语，比如，你做得很对！而且不能拿别人做比较，比如说，你这次比小王考得好，值得表扬。这样容易让当事人产生错觉，认为自己只有比别人好，才是好，而没有了内在的动力和自发性的动机。

通过下面的例子咱们来加深一下理解。

事件：孩子考了100分。

宝贝，你真棒，真了不起，得了100分。（NO）（评价式表扬）

宝贝，你每天学习得很努力，考试中也很认真，仔细看了每道题。我们为你骄傲！（YES）（描述性表扬）

事件：孩子在学校演出中扮演国王，演完后，孩子问你演得怎么样

宝贝，你演的得太好了，比别人都演得好。（NO）（评价式表扬）

宝贝，你演的国王声音洪亮，动作到位，我都被你震撼到了。（YES）（描述性表扬）

（2）还有一种夸赞孩子的方式，就是在描述之外，加上一两个

词来概括孩子值得表扬的行为。

你每天都背 20 分钟的单词，这就叫持之以恒。

你说你 5 点回家，现在刚好 5 点，你真准时。

这样的夸奖方式是让我们用心地去观察，真正地去倾听，然后把自己看到的、感受到的，真诚地告诉孩子，而不是笼统地评价孩子。我们要表扬孩子做的事情，而不是他不能控制的因素（比如聪明）或者是他得到的成绩（他下回可能会得不到同样的成绩）。

【案例三】批评孩子讲究艺术

"我不是骄纵的家长，不会惯着孩子，他一有什么错误，我就会批评他，告诉他一定要改正，可孩子就跟没听见一样；有时候批评他，看着他吧嗒吧嗒流眼泪，低着头不吭声，似乎在反省，可下回还是犯同样的错误；甚至有时会顶嘴，怎么就这么听不进批评呢？"

心理学分析

为什么批评没用，孩子还非常反感呢？

在心理学上，刺激过多、过强和作用时间过久而引起心理极不耐烦或反抗的心理现象，被称之为"超限效应"。

有这样一个小故事讲的就是超限效应。美国作家马克·吐温有一次在教堂听牧师演讲。起初，他觉得牧师讲得很好，很感动，准备捐款。过了 10 分钟，牧师还没有讲完，他有些不耐烦了，决定只捐一些零钱。又过了 10 分钟，还没有讲完，于是他决定 1 分钱也不捐。

等到牧师终于结束了冗长的演讲开始募捐时，马克·吐温由于气愤，不仅未捐钱，还从盘子里偷了 2 元钱。

孩子为什么听不进批评？原因可能是"超限"了。当孩子犯错时，如果父母一次、两次、三次，甚至 N 次重复对一件事作同样的批评，孩子逐渐从内疚不安转变为不耐烦乃至反感讨厌。

如果家长批评孩子的时候情绪化严重，激动得东拉西扯，也会冲淡当前主题，弱化和忽视主要矛盾，致使孩子根本不明白他到底错在哪里。虽然最终孩子会敷衍了事地认错"记住了，下次不会了"，但很可能让孩子因犯错产生的愧疚、不安也随着父母批评的情绪化烟消云散了。

如果家长批评孩子的形式是唠叨，那可能再一次削弱了批评的效果。即便家长说得非常有道理，也可能因为唠叨的形式，被孩子过滤掉了。比如，孩子起晚了，上学要迟到了，家长在送孩子上学的路上一直数落孩子，而孩子却把这唠叨当作是背景噪音，这样的批评肯定没起到教育作用。

可见，家长对孩子的批评不能超过限度，最好是"犯一次错，只批评一次"。需要再次批评的情况，形式上也尽量避免简单重复，换一个角度、换一种说法、不带情绪地和孩子沟通。这样，才会降低孩子"因家长翻旧账"而产生厌烦、逆反心理。

 **优儿学堂 YoKID 支招**

孩子犯错以后，家长应该如何批评孩子呢？

（1）态度要坚定，不带有个人情绪的宣泄

如果孩子所做的事情引发了你的一些情绪，一定要先控制好自己的情绪之后再和孩子谈这件事情。你可以态度温和而坚定地告诉孩子什么事情不能做，哪怕一次也不行。在表达意见时，家长口气要坚决，没有丝毫的商量余地。

（2）用简单明了的语言制止孩子的行为

在批评孩子的过程中，要就事论事，主题明确，避免东拉西扯翻旧账，要让孩子清楚地知道自己到底哪里做得不对。同样的要求也不要一再重复。应该在孩子错误行为的开始就坚决制止，重复批评的次数越多，越降低了严肃程度。

（3）心理学家简·尼尔森提出了一个批评孩子的通用公式

批评＝陈述事实＋确认可罚性＋表达感受（痛苦）＋保住孩子的自我价值＋表达期望。

陈述事实：直接告诉孩子他做错了什么事情，把他做错的事情

说清楚。

确认可罚性：告诉孩子为什么要批评他，确认错误的严重性和对孩子以及别人的伤害性，给出批评的理由。

表达感受（痛苦）：告诉孩子他的行为使你感到非常痛心、生气。

保住孩子的自我价值：让孩子认识到，虽然他的行为错了，但是你依然认为他是一个好孩子，并没有因为他犯了一个错误，就改变了你对他的看法（你依然非常爱他）。这样他才有改变缺点和错误的动力。

表达期望：尽管他犯了错误，但是你依然对他有信心，并且你还期望他能够好起来。这是他往好的方向发展的动力和源泉。

例如：你一直在屋里玩弹球，把灯打碎了，碎玻璃有可能扎到别人，让他流血，我对你不听爸爸的劝告很生气，但我相信你是因为没有想这么多才这么做的，希望你下次不要再这样，我们会依然爱你。

我们批评孩子的目的是让孩子改掉缺点，以后不再犯同样的错误。为了达到这个目的，我们就必须把批评的步骤都做对，才能收到预期的效果。

需要注意的是，批评孩子最好能避开客人和孩子的朋友。在客人和小朋友面前批评孩子，会大大损伤孩子的自尊心，让孩子产生抵触情绪。家长可以把孩子单独唤到面前，心平气和但是郑重地指出他需要改进的地方。

【案例四】非暴力亲子沟通

有很多妈妈抱怨：为什么有些话跟孩子说了无数遍，孩子还是不听？为什么孩子有什么话都不爱跟家长倾诉？为什么处处迁就孩子，换来的不是孩子的乖巧懂事，反倒是任性霸道？是哪里出了问题？其实，这很可能是亲子沟通出现了障碍，在和孩子的沟通过程中，运用了太多的"暴力沟通"。

心理学分析

亲子沟通是亲子关系的润滑剂，亲子沟通模式直接关系到家庭生活状态。不良的沟通往往是貌似沟通了，其实没有达到沟通的效果，不仅影响家庭关系，还会影响孩子的人格形成与发展。

根据美国心理专家萨提亚的观点，不良沟通有四种：

（1）指责埋怨型沟通

"你还玩！作业也不做，我看你哪天才能长大，不用我们操心！"

指责埋怨型的沟通特点往往是相互指责。指责对象多样化，泛滥化，任何人都可能被指责。被指责者要么逆来顺受，要么不堪忍受，要么回击来自保。指责隐含一种诉求：对方应该为自己的情绪和幸福负责。但是双方在针锋相对中根本无暇顾及对方的需求和感受。家庭问题就这样在相互指责和埋怨中不了了之，最终得不到真正解决。家庭氛围也越来越沉闷紧张、危机四伏。这种家庭沟通方式，对子女健康人格的培养极为不利。

（2）迁就讨好型沟通

"妈妈不知道你不喜欢吃这道菜，今天将就吃点吧，好不好？明天你想吃什么？我一会儿就去买。"

迁就讨好型沟通的家庭，表面上一团和气，但一味地妥协迁就，很可能会让孩子养成依赖、固执、任性的不良人格特点。

（3）打岔啰唆型沟通

孩子："妈妈，今天在学校运动会上，我们班得了年级第一名，我真开心！"

母亲："哎哟，看你这身汗，别感冒了，快去洗洗，换身衣服，别着凉！"

通常这样的沟通有两种情况：一是表面上看双方都在说话，但双方根本没有交流，各说各的，根本没有倾听和反馈；二是一方（往往是家长）喋喋不休，另一方（往往是孩子）则陷入烦躁、焦虑的情绪之中，家长说了什么，孩子根本没有听进去。这种沟通不但没有效果，而且会使孩子出现逆反心理和抵触情绪。

（4）超理智型沟通

超理智型沟通的特点是父母教育意识、规范意识过强，好像拿着过滤镜看孩子，孩子的一切成绩、优点都被过滤掉了，剩下的只有缺点和危险。父母时时刻刻不忘敲打、警示、规范孩子，唯独缺少情感的交流，造成亲子情感障碍。从长远说，这种沟通方式对孩子的人格成长非常不利，孩子可能会出现刻板、冷漠、偏执、人际关系不良等人格特点。

 优儿学堂 YoKID 支招

什么样的沟通才是良好的沟通呢？

（1）停下主观判断，抛开成见和偏见认真倾听

我们可能会有这样的思维定势：孩子不会做功课，一肯定是孩子没有用心；孩子抱怨老师，一定是孩子在学校犯了什么事儿；孩子考试成绩不理想，一定是孩子不努力……在沟通之前，家长要先抛开这样的思维定势，认真听孩子诉说。

与孩子沟通时，把手上的事情停下来，和孩子坐在一起，用眼睛看着孩子去交流；把心理上的种种成见、偏见抛开，对孩子所说的先全盘去听，而不要急着证明自己的想法或对孩子加以批驳。

先弄清楚孩子的内心想法，然后再去引导孩子。当家长忍不住要评价孩子的时候可以提醒自己："孩子现在需要的是先把心里话说出来，而不是听我说话。"

（2）用平和的语气语调，恰当的表达方式

表达的时候要注意语气和方式。比如，回家看到孩子在看电视

没有写作业，脸色不悦严厉地说："作业写了吗？关掉电视，回房间写作业！"孩子听了可能就心情不好。如果换成"电视很好看吧？可我知道你还有好多事没干呢，看到广告就去房间写作业，好吗？"多数情况下，孩子会因没被训斥而感激，一到广告就立刻关了电视去写作业。人人都不喜欢命令式的口吻，建议家长跟孩子说话的时候，要用平和的口吻，如："你能说说看吗？你的想法是？你可不可以？……"尽量避免用："你不能、你不该、你必须……"

（3）与孩子共同寻找各种解决方案，而不是直接告诉孩子方法

遇上孩子有情绪的时候，先理解孩子的情绪和感受，然后再带领孩子寻找解决方法，而不是以过来人的经验直接告诉孩子怎么做。

（4）共同协商，选取一种方法先尝试

针对一个问题，孩子可能想出了几种办法去解决问题，家长可以和孩子一起选用一个大家都比较认可的方法先去尝试。需要家长注意的是，如果孩子选取的方法家长知道肯定不是好的，也先放手让孩子去试一试，让孩子去体验，"试错"的体验的过程对孩子成长也是特别宝贵的。

【案例五】孩子顶嘴不是坏事

隆隆近来越来越爱顶嘴，不听话了。让他去配合干点什么，他不仅不做还振振有词，"歪理"一大堆。孩子还没到青春期就这么难管，到了青春期怕真是管不了。

不少家长不允许孩子与大人争辩，"我是你爸妈，你就必须得听我的"成了他们的口头禅。孩子只能对大人的话"言听计从"，不能与父母拌嘴、争辩，否则就是"大逆不道"。

顶嘴，真的是坏事吗？

心理学分析

经常听到很多父母抱怨孩子爱顶嘴，变得不听话、不乖，对孩子的表现非常不满。当父母只注意到"顶嘴"的表象时，就很难意识到其实孩子顶嘴也是有深层意义的。

（1）在孩子成长的过程中，思想在逐步走向独立，特别是小学二三年级的孩子们，此时已经有强烈的独立思想意识。当思想有独立意识时，行动的独立便会逐渐表现出来。而且孩子会逐渐发现，父母不见得总是对的，他们会试图尽可能通过争辩来表达自己的意愿、不满等，这也是孩子长大的一个标志。

（2）当孩子在和父母争辩、顶嘴的时候，对孩子来说，这也不是件容易事。因为，他需要学会观察、选择语言词汇，同时还要尽可能表达出自己的意思来挑战、说服家长。这个过程对孩子的语言能力和思维发展是有促进作用的。

（3）想要引起你的关注。当父母在家还要忙于工作、家庭琐事或是平时很少陪伴孩子的时候，孩子很可能会利用和父母顶嘴的机会去获得自己想要的关注。因为只有这样，父母才会看到他、注意到他的存在。

（4）当你总说不了解孩子心里在想什么的时候，是否注意到"斗嘴争辩"也是一种交流？你会发现孩子的小心思、你会听到孩子的心声、你会看到孩子的情绪，等等，这些都是孩子的特点。当然，如果孩子出现习惯性无理顶嘴、以自我为中心的时候，父母要注意自己平时是否过于溺爱和纵容孩子。如果孩子是采用顶撞、专横的对抗方式要求父母满足自己的要求，父母就需要改变惯有的教养方式。

著名的德国心理学家海查做过一个实验。对有强烈反抗倾向的100名儿童与没有此倾向的100名儿童从幼儿期一直追踪观察到青年期。结果发现前者有84%的人意志坚强，有主见，有独立分析和决断能力，而后者仅有26%的人意志坚强，其余的人遇事不能做决定，不能独立承担责任。因此，专家认为，反抗行为有时候意味着孩子有其独立自主的想法，不受干预也不受支配，这正是孩子发展判断力的良好时机，值得父母重视。若只一味要求孩子服从家长，那么他的判断力自然就难以发展。

当然，不是说"不听话"的孩子发展就一定顺利。孩子的"听话"可以表现在对生活规则、行为道德的遵守上；而孩子天性好动，思维广阔，"鬼主意"多，父母可以在这些方面给孩子正确的引导，鼓励他们把特长用在学习和解决问题等方面。

如果要求孩子过于顺从，听话，孩子就没有机会表达自己的真实意愿或者因为自卑不敢表达自己。而且，还可能导致孩子过于依赖父母，在探索欲、创造性、独立性方面比较差。所以，孩子有顶嘴的表现不见得全是坏事，反抗也不一定是坏毛病。

优儿学堂YoKID支招

（1）在孩子顶嘴时，父母尽快意识到自己又"陷"在这种沟通模式中了。父母意识到后，可以先耐心听孩子说完，如果自己内心有情绪，要用非暴力的方式表达。

（2）一般来说，顶嘴的孩子反应很快，你可以鼓励他这种机敏的反应，但是对他的语气和态度要给他反馈你的感受。"说实话看到你这么快地表达出不一样的看法，我有点惊讶，但你说话的语气让我感到自己被攻击了"。

（3）通过设置规则，发挥孩子辩论的优势，同时避免语言上的攻击。"要不我们就这一问题进行一场辩论赛，怎么样？你可以先去找找相关的资料，等一下我们一决高低"。然后可以调换"正方"和"反方"，引导孩子对问题有新思考。

心理测试——测一下你跟孩子的关系

请对以下描述进行 1～5 分评分。1 分很不符合；2 分不符合；3 分尚符合；4 分符合；5 分非常符合。

请父母先作答，并计分，再由孩子作答。然后再比较两者的差异。

1. 工作或生活再忙碌，父母也会每天留出一些时间给孩子。

2. 父母能经常保持愉快的心情和孩子相处。

3. 父母认为孩子是有理性的，能自己面对和解决问题。

4. 和孩子对话时，父母甚少使用"你应该……""你最好……否则……""你再不……我就……"的语气和孩子交谈。

5. 父母觉得孩子能快乐地生活，比成绩好更重要。

6. 父母觉得孩子犯错和惹麻烦是成长必经的过程。

7. 孩子说话时，父母能耐心专注地听完。

8. 父母能经常和孩子有亲密的接触（如摸头、拍肩、拍手、相互拥抱……）。

9. 即使孩子犯了错，父母也不会因此认为他是一个坏孩子。

10. 父母经常给自己和孩子充裕的时间，避免催促孩子。

11. 不论孩子发生什么事，父母都能以孩子的立场分享孩子内心的感受。

12. 亲子间有冲突时，父母不认为一定是孩子的错。

13. 父母能给孩子充分的自主空间，决定自己的事。

14. 父母要求孩子做的事情，孩子都能做到。

15. 父母答应孩子的事情，父母一定都会履行。

16. 父母与孩子谈话时，父母能了解孩子内心真正的感受。

17. 父母了解孩子内心的喜好和厌恶。

18. 孩子愿意主动告诉父母，他在外面发生的事情和内心感受。

19. 和孩子谈完话，父母甚少批评或指责孩子的想法。

20. 父母满意目前的家庭和孩子的状况。

应用原则：

1. 做完测验后，可以布置一个温馨的情境，和孩子一起讨论与分享。特别是亲子间的回答有明显落差的问题，更需要彼此坦诚讨论，以便减少彼此期待的落差。

2. 若总分在 60 分以下，表示你们的亲子关系可能有了危机，需要马上调整；若总分在 60 ～ 80 分之间，表示你们相处良好，但是还可以更好；若总分在 80 分以上，恭喜你，你们的亲子关系很好，请继续保持下去。

第6章

情绪管理篇

在第 2 章中，我们分享了情绪的产生机制以及情绪能力的重要性，这些技能在童年中期依然很重要。本章我们主要讨论在童年中期，情感发展的性别差异，以及其他有助于孩子调控情绪的方法。

1 反抗、自卑、嫉妒的背后——解读学龄孩子的情绪管理能力

孩子反抗或自卑是什么原因呢？他大发脾气的时候在想什么？孩子什么时候才能善解人意？如何帮助孩子学会自我调节？

养育孩子前，父母会想着和孩子一起愉快地玩游戏，一起读书或者一起旅行，和父母的"小棉袄""小棉裤"一起分享美好的经历。然而实际上，父母不得不面对孩子的以及父母本身的一些负性情绪。在第2章中我们讨论了情绪是什么，情绪的功能，以及如何提高孩子的情绪能力。对于6～12岁的孩子，这些技能仍然需要机会练习、打磨。

童年中期孩子开始按照社会规则和社会环境的要求来调控自己的情绪和行为，他能逐渐意识到别人的情绪，并相应地调控自己的行为。比如，刚才开的玩笑惹同伴不高兴了，我应该立即停下来，然后向他道歉。

⊙ 情绪产生的原因——一些常见的情绪是在提醒什么

通常父母不接纳负性情绪，也会无意识地拒绝自己或孩子的负性情绪。但是细细体会，情绪是流动的，一种情绪被接纳、被感知后更容易流走。通常负性情绪是在提醒家长，孩子的某种需求没有被满足。

当我们被攻击、受挫、被侵犯或者被冒犯时，容易感到愤怒。愤怒带给我们力量，促使我们做一些事情，人在愤怒的驱使下会做出一些平时不会做的事情，因此家长会担心自己情绪失控。理解你的愤怒，感受一下是什么让你如此地想去破坏。

当强大的威胁正在靠近，而家长无力反抗时，会体会到恐惧。恐惧提示家长，孩子需要保护，害怕考试，害怕家长的负面评价，他内心的诉求是"多么希望有人能保护无助和不知所措的他呀"。

悲伤是失去珍视的人或事物的反应，感受悲伤，理解失去和遗憾，才能真正地告别。

适度的紧张有助于集中注意力，同时开动脑筋解决问题，过于紧张就会影响完成任务的效率。

嫉妒是一种包含了悔恨、愤怒和害怕的复合感受。体会到嫉妒的人有一种难以忍受的不舒服体验，把嫉妒变成一种激励自己上进的动力。

当人们发现自己付出过多而没有得到自己期许的东西时会感到委屈，家长可以在委屈的情绪里待一待，看到自己真实的需求。

⊙ 男生女生不一样

一项关于北京市中小学生心理健康的调查显示，在童年中期，女生在情绪方面的问题比男生多。具体表现在孩子经常感到头痛、肚子痛或身体不舒服（躯体化），总是心事重重，不快乐，心情沉重或流泪，在新的环境里孩子容易感到紧张，或很容易失去自信，孩子心中有许多恐惧，很容易受惊吓等。

而男生在多动和品行方面则比女生面临更多挑战，表现为他们容易愤怒、常发脾气，不能按照要求做事，容易与他人争执，撒谎或拿走不属于自己的东西以及坐立不安、注意力不集中、容易分心

和事先不能计划等问题。

在我们的文化中，男生通常被鼓励做个"小男子汉"，如果一个男生爱哭，家长就会表现出不接纳。很多男生不知道怎么表达自己的感受。一个男生，你看出他很难过，但是你问他"你现在是什么感受"，他也不能说出自己的感受是什么。男生更倾向于用身体来表达自己的情绪。男生的打闹、攻击行为明显多于同龄的女生。他们经常会因为攻击和多动问题被老师和家长关注。

女生更早地学会用语言表达自己的情绪。女生由于更在乎友谊，把同伴关系和自我认知联系得很紧密，同伴关系出现波动非常容易影响到他们的自我评价和情绪，女生的情绪问题较多就不难理解了。加上女生之间的攻击是更隐秘的关系攻击，不易被老师和家长觉察，细心地了解他们，你就不会把他们的情绪笼统地归结为"敏感"了。

对于男生来说，帮助他们培养感受内心情绪和表达需求的能力是很必要的。在童年中期，同伴压力越来越大，一个男生很难在同伴面前表达出"我很害怕"，但是，作为家长，你可以鼓励孩子在你面前表达脆弱的一面，让他感觉到脆弱的一面是被接纳的，他可以不再用强硬的方式来压抑恐惧和担忧。

对于女生来说，当他自尊心过强，或者面临同伴压力时，父母要成为他的"小棉被"，同感他被排斥的羞耻和无助感，告诉他这不是他的错。父母不要拿他和别人比较，让他知道他的独特之处，即使很平凡，也很值得爸爸妈妈疼爱。

2 做孩子的情绪教练：培养学龄孩子的情绪管理能力

如何培养孩子的情绪调节能力？情绪训练的步骤有哪些？

⊙ 说教和忽视容易带来情绪隔离

日常生活中父母会采用说教或者忽视孩子的情绪以避免冲突的方式来"强制"孩子改善情绪。父母没有看到孩子的内在感受，而是试图把这些感受打包移除。这种方式比较容易造成的后果是孩子与自己的情绪有隔离，要么是感觉心里不舒服，但更具体的感受无法表达；要么就是表现为各种躯体疾病。

⊙ 重视孩子的感受

家长要重视孩子的感受，这一点说起来容易做起来难。难的原因是孩子天天和家长生活在一起，如果家长没有给他留出成长的时间，连续几次付出后，孩子却没有改变，家长就容易气馁了，甚至有意无意地把怒气责怪在孩子身上。但是父母仍然要强调孩子感受的重要性。因为这些感受是切实伴随着他的生活的。

虽然童年中期孩子的思维水平有所发展，但是自我中心思维仍然是一个特点，孩子的幻想水平比较高，尤其是内向的孩子，容易沉浸在自己的感受中。当一个孩子告诉你他很害怕时，你轻描淡写地劝说是不管用的，逻辑分析也是无效的，你最好表达出接纳的态度，进入他的幻想世界瞧一瞧："嗯，你很害怕，能说说你想到了什么吗？"一个孩子可能不能清晰地表达出孤独、黑暗、死亡等带来的

恐惧感，他更可能把恐惧的对象具体为一个虫子、某种颜色或者某个恐怖的画面。倾听，至少让他感觉到有人愿意分享他的这些感受。

⊙ 少评价多倾听

当家长在做这件事情时，就是在帮助孩子提高情绪管理能力。孩子给你分享情绪是对家长的一种信任，至少他的预期是家长不会拒绝。当孩子带你走进他的幻想世界时，保持倾听，不要大惊小怪"你怎么可以这样想"！而是"哦，谢谢你，带我来到你的世界，通过听你讲，我才了解到，原来你是这样想的呀"。父母是带着一种未知去听还是带着评价去听，孩子是可以感觉到的，如果评价过多，孩子就会关上往里走的门。

⊙ 鼓励孩子表达内心的情绪

"我听到你讲的了，我们一起画出你内心的感受怎么样？让我们来看看它可以是什么样的？"或者你也可以让孩子自己画。等到画完的时候，再给每一个角色代表的情绪命名，并起一个可爱的昵称，比如这一条虫子代表孤独，叫"孤独的小王子"，这黑色代表恐惧，叫"吓人小精灵"等。

⊙ 启发孩子寻找调控情绪的方法

如果孩子晚上不敢自己睡，帮助他想一想如何改变，孩子可能会想到的方法有，开一盏小夜灯；购买一个梦游娃娃的玩偶放在床边；回想之前画的画，小王子、小精灵听起来也没有那么恐怖；在临睡前请妈妈陪自己一会儿……孩子想到的办法可能有很多，经过实践，他会找到合适自己的方式。

⊙ 运动对孩子情绪调节的作用

　　带孩子参加运动吧，研究发现运动可以改善大脑额叶和海马的活动性，这两个区域都与情绪调控有关。男孩可以选择强度较大的运动，不喜欢激烈运动的女生可以选择轻松的散步，这都是调控情绪的好方法。体育运动不仅能给学生带来积极的情绪，在一定程度上也能提高学生的成绩。

⊙ 参加户外活动对情绪调控也有积极的作用

　　随着城市化的进程，越来越多的孩子的活动范围局限在小区、操场和游乐场。而广阔的自然风光能增强孩子的视野，舒展孩子的心情。自然环境能激发孩子内心的感受和创造力。户外活动能提高孩子的运动协调能力和注意力。同时户外活动也是不错的亲子交流的机会，在大自然的怀抱中，在谈论一些负面情绪和感受时会更放松，也更容易接纳。

3 学龄孩子情绪管理相关案例解析

【案例一】自卑何处安放

圆圆从小就是一个乖巧懂事的孩子，但不太善于表现自己，在别人面前总是表现得十分羞怯，课堂上她不敢举手发言，对于老师的提问，他就是会，也是慌张不已，导致回答得不好。有一次，数学老师在课堂上提问她，本来她是知道那道题目的解答方法，但是圆圆由于害怕答错而不敢回答，受到老师的批评。从那往后，她变得更加自卑，不爱与别人进行交流，总是觉得自己什么都不行，什么事情都做不好。

心理学分析

自卑也称"自卑感"，是指个体遭遇挫折时的无力感、无助感及对自己失望的心态。个体在社会化进程中，如果经常处于落后的地位，无力改变现状，或努力后仍无法赶上，他就会累积起一种消极的自我评价。自卑的孩子大多数比较内向、不合群，经常把自己孤立起来，不愿与人交往。他们经常感到自己事事不如人，悲观失望，消极处事，这十分不利于孩子的身心健康。

圆圆因为性格内向，敏感，对自我评价偏低，加上怕出错，怕被老师同学看不起的心理，做事退缩，处处回避，缺失可以增强信心的机会，久而久之产生了自卑心理。

小学生自我评价时，总习惯以他人为镜来认识自己，尤其是"权威人物"给予的评价较低，比如说老师的评价，就会影响他对自己的认识，从而过低评价自己，产生自卑心理。

造成自卑心理的影响因素很多，除了孩子本身个性的影响，还有家庭、学校等原因。

（1）父母对孩子的期望值过高，经常挑剔孩子，喜欢拿别人家的孩子作为参照，希望以此刺激孩子上进。但这种比较很可能让孩子产生抵触情绪，挫伤孩子的自尊心，给孩子的内心造成压力，自信心降低，产生自卑心理。

父母对孩子的关爱过少，甚至把孩子寄养到亲戚家里，也会让孩子感受到被抛弃的感觉，很可能让孩子形成自卑心理。

（2）在学校，老师和同伴的态度也会影响学生的自我评价。

学习成绩差、学习困难的孩子，在学习上得不到老师同学的认可，自己其他的长处和优点得不到承认和发挥，再加上父母的不理解和训斥、同伴的歧视和嘲讽以及老师不恰当的批评等，孩子容易对自己的能力产生怀疑，形成自卑心理，变得消沉沮丧。

（3）有的学生因自己的相貌、身高、智力等客观因素产生自卑，总认为自己太丑了、太笨了……从而对自己产生怀疑，认为自己没有值得别人尊重的地方，找不到优越感和成就感，他们容易产生失落感，渐而发展成为自卑感。

优儿学堂 YoKID 支招

自卑的形成往往源于孩子时代。因此，家长应关注孩子有没有自卑心理，一旦发现，须尽早帮助其克服和纠正，以避免形成自卑的性格。那么，如何纠正孩子的自卑心理呢？

（1）行为矫正训练的方法

先让孩子从一些简单的事情入手，比如，向陌生人问路，自己买东西，逐渐让孩子体会到成功的乐趣，并且及时表扬孩子。

（2）对孩子的要求要适当

对孩子的要求应该与孩子实际的能力和水平相适应，不苛求孩子。当孩子取得成绩的时候，要及时表扬和鼓励他，使孩子对自己充满信心。如果孩子平时学习成绩差，父母可以本着关心和安慰的态度帮助孩子分析原因，总结经验教训，耐心地给孩子指导，一步步地帮助孩子提高成绩，让孩子看到自己的进步，逐渐树立自信心。

（3）多关爱孩子，尽量在孩子6岁之前陪伴在孩子的身边

即便6岁以后送孩子去外地上学也要经常和孩子联系，表达对孩子的思念和爱，尽量不要让孩子产生被遗弃的感觉。

（4）鼓励孩子进行积极的自我暗示，增强自卑孩子的自信心

心理学家莫顿曾提出"预言自动实现"的原则，认为人们具有一种自动实现预言的倾向。家长可以引导孩子想象克服困难后的情

景，这能增强他继续努力的动力。当孩子感到信心不足时，鼓励他回忆自己之前的成功经验：当时是用什么方式实现目标的？通过总结经验并进行积极的自我暗示"我能行"来帮助孩子找到前进的动力。

（5）引导孩子正确评价自己，为失败做合理的归因

正确客观地评价自己，是指不仅看到自己的短处，还要看到自己的长处，不因为某一些方面不如别人就消沉堕落。家长引导孩子对失败进行合理归因，比如在主观努力上找原因，"方法不对""心态不好"等，这些可以通过努力调整心态来改善，避免归结于"脑子笨""老师不好"等不容易改变的客观原因。

【案例二】撞墙的男孩——合理发泄情绪

三年级的小雷脸上经常青一块紫一块，妈妈以为孩子在学校打架，后来发现是孩子自己撞墙撞的。原来小雷情绪不好的时候经常撞墙：没考好，郁闷时撞墙；和同学闹别扭，生气时撞墙。妈妈担心孩子心理出问题了，应该怎么做呢？

心理学分析

撞墙是孩子发泄情绪的一种方式。每个孩子在成长过程中都面临着一项"发展任务"：学会管理自己的情绪。如果孩子的情绪管理能力弱，孩子会用不恰当的方式调控情绪。孩子需要学着用合理的方式表达愤怒、郁闷、沮丧等负性情绪。

帮助孩子管理情绪的第一步是找到产生这个情绪的原因。面对孩子的负性情绪，家长应该如何引导孩子进行"排毒"呢？

 **优儿学堂 YoKID 支招**

培养孩子情绪管理能力的关键，是认同和接纳孩子的情绪。

（1）允许孩子有愤怒等负性情绪

中国人的传统观念里，积极情绪是好的，消极情绪是不好的。比如愤怒、生气、悲伤、恐惧等这些消极情绪是不好的。很多父母告诉孩子，你不可以愤怒，不允许孩子生气，孩子在大脑中会形成一种想法：生气是不好的。"那我生气时怎么办呢？"所以他要么把愤怒压下去，要么逃避，但压力积累到一定程度后，个人的力量再难以承受，就会带来一个更大的爆发。正确的做法是，当孩子生气、愤怒的时候，父母应该让孩子知道这种愤怒的情绪是可以被理解的，有负性情绪并不是一件羞耻的事情，甚至负性情绪也能提示我们内心的需求。这样孩子也会更愿意告诉父母自己难过、伤心的原因。

（2）教会孩子表达情绪、转化情绪的方法

当孩子出现负性情绪时，要教孩子如何表达出来，如何调控情绪。有很多方式可以表达我们的愤怒情绪。例如，当生气的时候，我们可以把气球当成发泄的对象，一边吹气球，一边想生气的事情，吹好后可以把气球踩爆，积压的情绪就会得到宣泄；也可以通过理智制怒法调控情绪，在即将动怒时，对自己下命令"坚持 1 分钟不生气！"然后尝试能让自己聚精会神的行为，比如，从 1 数到 10，再做 3 个深呼吸。此时再想想刚才让自己愤怒的事情，问问自己：

"我为什么生气？这件事或这个人值不值得我生气？生气能解决问题么？生气对我有什么好处？"这样，可能过一段时间，就不那么生气了。

（3）父母要做好情绪管理能力的榜样

父母是孩子的第一任老师，父母有了愤怒、悲伤等消极情绪是怎么表达的呢？你吵架生气时，是怎么发泄情绪的呢？记住我们是孩子的榜样，我们的管理情绪的方法是孩子学习的示范，家长也可以在自己情绪激动的时候尝试上面的方法，给孩子做一个好榜样。

【案例三】嫉妒心为何那样强

小美和小优是很好的朋友，一起上学一起回家。可是成绩一直很好的小美在这次考试中发挥失利被小优超越了，班委选举小美也落选了，小优却选上了班委。小美心里不是滋味，有点恨小优，渐渐地疏远冷落了他。放学路上再也看不到他们手拉手的身影了。

孩子的嫉妒现象非常常见，那怎样帮助孩子走出这样的心理困扰呢？

心理学分析

嫉妒是与他人比较，发现自己在才能、名誉、地位或境遇等方面不如别人而产生的一种由羞愧、愤怒、怨恨等组成的复杂的情绪状态。据美国孩子心理学家斯坦贝格研究，人类的嫉妒感可能早在婴儿期就出现了。不足周岁的孩子看到母亲给其他孩子哺乳时，会出现不安、哭闹反应。5～6岁时，孩子会更频繁地体验到嫉妒。上学以后，由于和小朋友进行比较的机会骤然增多，他们可能会遭到更多嫉妒的折磨，只不过随着年龄的增长，他们渐渐学会了掩饰自己的嫉妒心理。

孩子嫉妒主要有以下几种情况：因为老师对他人表扬或班级干部竞争失利而造成的嫉妒心理；因容貌、身材欠佳而对生理条件优越的同学产生嫉妒心理；因为自己家境欠佳而对家庭条件优越的同学产生嫉妒心理，等等。心怀嫉妒的同学，往往不愿承认别人的成绩和进步，甚至贬低别人，表现出怨恨，造谣中伤，挑拨离间等破坏人际关系的行为。这些行为不仅妨碍同学间的正常交往，破坏人际关系的和谐，还影响心理健康成长。

嫉妒心理形成的原因通常有：孩子无法用容忍的态度面对挫折；孩子体会到父母老师的严重偏爱带来的不公平感；家长和老师在同学之间的"比较"；老师不当地处理学生之间的冲突等。

优儿学堂 YoKID 支招

孩子嫉妒心强，建议父母要心平气和地引导孩子。

（1）嫉妒心的产生往往是错误的认知引起的，比如，认为别人取得了成就便是对自己的否定。纠正孩子的这种认知，要给孩子树立这样的观念：既要学会为别人的进步而感到高兴，又要增强通过发愤图强来超越别人的竞争意识。

（2）家长不要过分强调负面的东西。孩子会通过观察大人的做法来塑造自己的行为方式，因此当你发觉孩子感到嫉妒的时候，不要严加批评指责，更不要冷嘲热讽。家长在表示理解他情绪的同时，不要过多强调孩子的感受，更不要指责受到嫉妒的对象，否则不但会进一步刺激孩子的嫉妒情绪，还会导致孩子养成动辄归咎于他人的坏习惯。

（3）帮助孩子正确认识自己。每个人都有自己的优势和劣势，帮助孩子找到自己的闪光点，比如，在绘画方面有天赋、身体的协调性很好等。让孩子知道每个人都有让别的孩子羡慕的地方。专家指出，当孩子为自己感到骄傲的时候，他就更容易接受别人在某方面得更多关注的事实。这种自信不但可以帮助孩子克服嫉妒心理，更有利于他们塑造自我。

（4）家长要树立正确的教育观。现在很多家长对孩子的期望值很高，孩子取得好成绩时，家长会给予极大的表扬甚至物质鼓励；当孩子的表现不如意时，家长不由地表达出贬低，或者嘴上说下次继续努力，脸上却布满担心和焦虑。这些都能被孩子感受到。

（5）家长尽量不要拿孩子与别人做对比。尤其是当孩子在某一方面做得不好的时候，他更容易对有能力做好的孩子感到嫉妒。拿孩子做比较，家长的本意是激励孩子，树立榜样。实际上，孩子感

受到的更多是对自己的否定。

【案例四】帮孩子走出情绪低谷

最近不知道晖晖怎么回事，不爱说话，不爱和同学玩，也不愿参加集体活动。他整个人心不在焉，对什么也提不起兴趣，饭量减小，没什么食欲，晚上睡眠也不好，不愿意上学。孩子是怎么回事呢？父母带孩子就医，被诊断患有"抑郁情绪"。

心理学分析

2014年"世界精神卫生日"，四川大学华西医院心理卫生中心的一项针对成都市中小学生的调查显示：2%的学生有抑郁焦虑情绪，23%的学生曾有过自杀的念头，其中男生多于女生。每个人都可能会有抑郁情绪（抑郁情绪不等于抑郁症），如果孩子流露出不想上学，不愿外出玩耍，不与同学来往，对学校发生的事漠不关心，注意力下降，学习成绩明显下滑的情况，家长一定要引起重视，必要时带孩子就医或者进行专业的心理咨询。

心理学认为，幼时"爱的缺失"是孩子抑郁的重要原因。"家庭亲子关系不好""父母婚姻不和"或"童年不在父母身边"这三种情况通常会引起孩子抑郁情绪。

（1）婴孩子期呆在父母身边很重要

很多孩子因为种种原因，小的时候离开父母，被寄养在亲戚家。或者尽管父母在孩子身边，但是基本如同"隐形人"，孩子感受不到父母的爱，安全感很难建立起来。美国华盛顿大学医学院孩子神经研究中心的一项研究则发现，若孩子时期遭到母亲忽视或打骂的孩子，其大脑主管情绪和记忆的海马体的生长会缓慢，体型偏小。

（2）父母不和降低孩子的安全感

心理学认为，对孩子安全感影响最大的，就是父母之间的关系。幼小的孩子，还不能区分自己的行为和环境的关系，如果父母经常争吵，彼此冷漠，孩子很容易把父母的不和归因于自己不好、不乖，从而产生不安全感和负疚感。

优儿学堂 YoKID 支招

对于产生抑郁情绪的孩子，家长可以做哪些努力呢？

（1）利用情绪 ABC 理论改变孩子的不合理认知

情绪 ABC 理论简单来说就是，人的情绪和行为不是由于激发事件 A（Activating Event）直接引起，而是由经受这一事件的人对这一事件产生的信念 B（Belief），也就是认知评价引发了这样的情绪和行为后果 C（Consequence）。ABC 理论认为 A 只是 C 的间接原因，B 才是引发行为 C 的直接的原因。基于情绪 ABC 理论原则，父母可以跟孩子一起讨论，让孩子逐渐明白认知对情绪调整的重要性，帮助孩子调整自己的不合理的看法。

事件	不合理看法	情绪	修正后的想法	替代反应
英语老师表扬了小寒	小寒优秀，我不行	失望，沮丧	英语本来就是小寒的强项，我可以向他学习	放松，有力量
父母夸奖表姐各方面很优秀	父母嫌弃我笨，不喜欢我	失落、难堪、郁闷	父母爱我，激励我向优秀的人学习，尽力就好	释然，有自信

（2）鼓励孩子写日记。孩子可以在日记中把自己的烦恼和不快发泄出来，或者把自己学习、生活、人际交往等方面承受的压力写出来，然后就每个压力想出3个不同的点子来对付它（可与朋友和可依赖的人商量）。

（3）参加必要的体育锻炼，因为体育锻炼可以使情绪发生变化，可以促使孩子的身心更健康，活动后给人一种轻松的感觉，有利于克服抑郁情绪带来的孤独感。

（4）鼓励孩子结交好朋友，跟朋友谈天倾诉，转移自我情绪压力。

（5）家长要改变自己的教养方式，平等的沟通才会让孩子愿意向父母吐露心声，多关心孩子的生活交友情况，重视孩子的心理感受，而并非只是关心孩子的学习成绩。

【案例五】考试怯场为何由

雯雯从小学起，成绩就一直名列前茅，老师、家长对她寄予很大的希望，但自从一次考试失利之后，孩子就变得怯场，在考场上紧张、不安、手心冒汗、心慌气短、大脑一片空白，甚至有几次考试前，孩子生病发烧，不能参加考试。孩子越来越怕考试，成绩一落千丈，怎么办呢？

心理学分析

雯雯这种情况，主要的原因是考试焦虑。引起考试焦虑的原因可能有以下几种：

（1）诱发事件。一次的考试失利，给孩子带来了沉重的打击。

（2）对自己的期望过高。孩子原来的成绩一直都很好，个性要强，追求完美，对自己要求高。

（3）认知发生偏差。原来成绩一直很好，自从一次考试失败以后，担心老师和同学们的嘲笑。

（4）父母教养方式的影响。父母对孩子的期望值越高，孩子的压力就越大，当感觉自己无法达到父母的期望时就会变得焦虑。如果父母对孩子过于严苛，也会让子女对父母产生恐惧，从而导致压力过大，形成考试焦虑。很可能孩子考试失利成绩下降这件事情让父母产生了焦虑情绪，而这种焦虑的情绪又在亲子谈话中传递给孩子，让孩子更加担心自己考不好，影响妈妈对自己的评价。

✿ 优儿学堂 YoKID 支招

考试焦虑不仅影响孩子真实水平的发挥，而且焦虑状态很容易影响孩子的身心健康。该如何帮助孩子走过焦虑这道坎呢？

（1）回忆场景，总结原因。家长可以与孩子讨论第一次紧张、心慌的场景，当时是否有发生什么特殊事件，和孩子一起总结导致焦虑状况的原因。

（2）父母做孩子的积极情绪的榜样。例如，家长不要嘴上说"考好考坏都没有关系，只要尽力就好"，而实际上却言行不一：孩子考好了，不由喜上眉梢，孩子考差了，就把焦虑挂在脸上。家长自身要对考试及考试结果保持一份平常心。

（3）避免把自己的焦虑转移给孩子，孩子成绩下滑，家长担忧，这样的心情可以理解，但是在家里，营造一个轻松的氛围也很重要。一家三口可以利用周末出去游玩，一方面给孩子放松，另一方面也是给孩子一种暗示：你可以以一种轻松的姿态迎接考试，爸爸妈妈是你的后盾。

（4）教会孩子在紧张的时候如何进行放松。放松的方式有很多：比如，以舒适的姿势坐好、深呼吸、心里默默数数、使自己的心情平静下来；或者深呼吸放松：像闻花香一样用鼻子深深地、慢慢地吸气，再用嘴巴慢慢地吐出来；还可以想象身体各部位的放松，放松的顺序为脚、双腿、背部、颈、手心，然后再开始答题。 如果孩子焦虑程度比较严重，请尽快寻求专业的心理咨询师帮助（并非有病才去看心理咨询师，但凡内心有困惑都可以寻求帮助）。

心理测试——抑郁孩子测验（CES－DC）

这个问卷是由米那·威斯曼和海伦·欧菲雪两位博士在美国国家心理卫生研究院的流行性疾病研究中心制作的。为下面的项目进行0～3分评分（"一点都不会"是0分，"有一点"是1分，"很多时候"是2分，"非常多的时候"是3分），选出最能代表上个星期你的心情的分数，注意这没有对错之分。

在上个星期中：

1. 有一些平常我不会在意的事情现在使我很烦恼。

2. 我不想吃东西，我不觉得饿。

3. 我没有办法使自己快乐起来，即使家人和朋友都在帮我，我还是快乐不起来。

4. 我觉得我比不上其他同学。

5. 我觉得我没有办法专心地去做我正在做的事情。

6. 我觉得心情落寞。

7. 我觉得我太累了，什么事都不想做。

8. 我觉得有一件不好的事情快要发生了。

9. 我觉得现在跟以前一样，仍然不会成功。

10. 我感到很害怕。

11. 我近晚上睡得没有像以前那样安稳。

12. 我很不快乐。

13. 我比以前沉默。

14. 我觉得寂寞，就好像我没有任何朋友似的。

15. 我觉得我的朋友对我不再友善，他们不想再跟我一起玩。

16. 我玩得不痛快。

17. 我觉得我很想哭。

18. 我觉得很悲哀。

19. 我觉得大家都不喜欢我。

20. 要我自己带头去做一件事很困难。

计分：把全部的分数加起来，假如孩子选了两项，取分数高的那一项。

结果：假如孩子的分数在 0 ～ 9 分之间，他很正常；假如他的分数在 10 ～ 15 分之间，他有轻微的抑郁；假如他的分数在 15 分以上，他有一定程度的抑郁感；假如他的分数在 16 ～ 24 分之间则是中度抑郁；而 24 分以上则是严重抑郁。

如果孩子得分超过 15 分，一星期后再做一次，如果连着两个星期都超过 15 分，建议考虑医院专业的诊断。

第7章

同伴交往篇

　　随着孩子的成长，小伙伴变得越来越重要，一起学习、一起玩耍……有的孩子能顺利地融入同伴群体中，有的孩子需要更久的观望，是什么因素造成了这些差异？如何在尊重孩子独特性的情况下，提高孩子的同伴交往能力？

1 💬 我不要孤单——解读孩子社交能力的发展

每个孩子都是渴望建立友谊的。有的孩子能够快速融入新集体，成为大家喜欢的对象，而有的孩子却会被孤立和排斥。这背后的原因是什么？孩子社交能力的影响因素有哪些？

随着孩子的成长，同伴关系在孩子生活中占有越来越重要的位置。和与成年人的交往不同，同伴关系更具有平等性，在同伴关系中，孩子通过分享彼此的经验来提高对生活的认识。同伴群体中的分享和交往过程中发生的冲突，给孩子带来了换位思考的机会，为孩子逐渐走出"自我为中心"的思维打好基础。所以当孩子遇到这些冲突时正是提高解决问题能力的机会。一般在孩子之间的冲突没有涉及人身安全时，家长可以不急于干涉，让孩子自己尝试化解这些矛盾。如果他们做到了，会增加与人交往的效能感；如果尝试失败，家长可以借用上一章学到的技能帮助孩子处理这次负性情绪，并提高情绪管理水平，孩子情绪平复后再启发孩子尝试新方法，再次鼓起交往的勇气。

⊙ 生物生态学理论

布朗芬布伦纳的生物生态学理论描述了影响个体发展的相互作用的系统，这几个系统像俄罗斯套娃一样由内向外，范围越来越广。最内层的是微观系统（microsystem），是与个体最直接相关的环境中的活动或互动。当孩子还是婴儿时，微观系统很可能只局限在家庭。随着孩子的成长，微观系统中逐渐增加了日托班、幼儿园和学校中的同伴群体。一般家长在说起孩子同伴关系时，是从孩子的视角去看这些外在的环境的，比如，担心孩子不能融入或者孩子在其中受到伤害。但是微观环境中的个体之间是互相影响的，孩子本身的特点，如气质、生活习惯和能力也会影响别人。

不知道你在阅读本节时，脑海里是不是悬浮着关于自己孩子同伴交往问题的困惑。确实同伴交往问题是现在中小学生面对的主要问题之一，每个孩子都渴望建议友谊，获得归属感。那是什么原因造成了那么多"孤独的小王子"呢？他们的星球上到底在发生了什么呢？

先把我们关注的那颗星星放下好吗？让我们先不带偏见地看一看整个星空的分布，我们都想做夜空中最亮的星星，有这个愿望是可以理解的，但有时也会阻碍我们找到更广阔的思路。

假如我们仰望星空，为这些星星分类的话，通常会发现有这几种类型：受欢迎型、被拒绝型、被忽视型和一般型。

⊙ 受欢迎型

受欢迎型的孩子一般有什么特点呢？

他们性格偏外向，活泼，爱说话，胆子较大，外表吸引人。他们不易冲动和发脾气。在同伴交往中，受欢迎的孩子表现出较多的积极、友好的行为，比如，高水平的合作、愿意分享等，而消极和不友好的行为较少。他们喜欢交往，积极主动地参与交往，并且善于交往，表现在处理交往冲突时，他们能提出更有效的解决办法，并且这些解决办法是关系指向的。也就是说，他们不仅解决了一个交往冲突，还可能把冲突变成一个增进彼此关系的机会。受欢迎的

孩子解决问题的优势在 5～6 岁时已经有所显示。他们更倾向于选择"逃避处罚"的社会交往策略，可能是因为他们对规则的重视。

⊙ 被拒绝型

被拒绝型的孩子性格很外向，非常活泼，爱说话，胆子大。他们性子急，脾气大。在同伴交往中，被拒绝孩子有更多的消极、不友好的行为，但积极、友好的行为很少。比如，不愿意分享，男生有更强的身体攻击，女生则有较强的关系攻击。有趣的是，被拒绝型的孩子也非常喜欢交往，交往积极主动。但是他们不善于交往，并且在这一方面与受欢迎的孩子有非常大的差异。他们解决社交冲突的能力较弱。他们依照"物品所有权"的社会交往策略。

⊙ 被忽视型

被忽视型的孩子性格较内向，好静，不爱说话，胆子小。他们性子慢，脾气小，并且不易兴奋和冲动。被忽视的孩子的积极、友好的行为和消极、不友好的行为都很少，对他人的攻击表现出退缩。他们交往积极性低，主动性差，并且和被拒绝型的孩子一样，不善于交往。被忽视型的孩子发起社交的有效性差，且不能借助语言沟通和解释来化解社交冲突。社交策略的选择多为"自我中心"的缘由。

⊙ 一般型

"一般型的孩子在各项上均处于中间水平"。谜一般的一般型的孩子，很多研究者都会用这一句来描述他们。他们给研究者的印象应该接近于他们给老师们的感觉。在一个群体中，一般型的孩子占比通常较多。他们不引人注意，通常也不容易给人深刻的印象，更像是深蓝天幕的背景。

孩子的同伴交往类型，即孩子的社交地位是受多种因素影响，大致可分为孩子本身的因素和外部因素。

⊙ 孩子本身的因素

比如孩子的气质（是内向的还是外向的？是否容易冲动？）、孩子的行为特点（是积极、友好的，还是消极、不友好的？是否愿意分享以及攻击行为的水平）、孩子的认知水平（包括问题解决能力、对社会规则的认识等）、外表吸引力（外表吸引力高更容易让人联想到友善、聪明等）。

⊙ 外部因素

比如家长的鼓励（由于在城市中小伙伴之间相距较远，家长是否会组织一些活动增加孩子的社交机会）、老师对孩子的评价（童年时期，教师的评价对孩子有着非常重要的影响）以及玩具、媒体和游戏（玩具、媒体和游戏提供了可以分享的话题，现在的游戏同时也能提供社交的空间，尽管不一定是积极的影响）等。

2 做一个受欢迎的孩子：培养孩子的社交能力

作为父母如何帮助孩子培养他的社交能力，帮助他获得良好的人际关系？

随着孩子的成长，父母对孩子的影响逐渐降低，同伴影响逐渐升高。群体化社会理论认为，孩子在家庭中的行为习惯和在家以外的行为习惯是两个独立的系统，分别用来适应家庭和外界不同的生活。在孩子幼年时期，家庭环境是其社会化的重要场所，孩子和母亲、父亲以及其他家人的互动形成了他社会化最初的形态。但是随着孩子逐渐走出家门，同伴群体等日益成为其社会化的关键环境。

群体化社会理论为我们展示了一个新的角度。日常生活中，许多家长反映，孩子在家很霸道，出了门就比较胆小退缩。如果说家庭和家以外是两个独立的系统，孩子的这些行为就比较容易理解：他的霸道在家以外的环境中不能引起同伴的支持，由此抑制了这些行为的频率。即使成年人也有这种倾向，喜欢把自己易怒、非理性的一面带到家里，这也契合了一些心理咨询师常说的观点："家是一个讲情的地方，不是一个讲理的地方。"

提高孩子在"家以外"环境中的社会交往能力，"家以内"的父母可以做些什么呢？

由于一些危险因素的存在，比如，交通安全、网络安全以及人身安全等，现代社会父母对孩子的监管程度比过去都高。意识到家长在孩子心中日趋减低的影响力可能会让家长无所适从，但同时也能为孩子留出更大的自由空间——他们成长所必需的自由。

⊙ 给孩子留出同伴玩耍的时间

和小伙伴自由玩耍的童年是很多人美好的回忆,跳房子、丢沙包,同伴之间制定游戏规则,并且对游戏成员进行监督,对接近"犯规"行为的讨论,重新讨论并完善游戏规则。这些都是在没有成年人监管的游戏中,孩子自发开展的。通过你一言我一语的讨论,游戏者感到参与感,如果自己的建议被同伴群体接纳,是一种非常自豪的体验,没被采取的建议者也在这个过程中学会妥协,学习怎样能照顾到群体的诉求。

一起游戏和一起学习是不同的。学习,包括知识性学习,比如学业;技能性学习,比如钢琴绘画,有其既定的规则,孩子需要按照自己现有的水平,逐步接受更高级的规则。在一起学习的时候,孩子需要把大量的时间和精力关注在知识和技能上面,尽管孩子也可以把分享、交流学习经验作为社会交往的一环,但是一起学习的同伴之间更容易形成彼此参照、互相竞争的状态。

但是在一起玩时,孩子更关注同伴本人,学习怎么样和别人相处,孩子可以在这个过程中分辨在什么情况下自己容易被同伴接受,什么行为是被同伴拒绝的,并以此来调节自己的言行。如何加入一个正在进行的游戏?如何在同伴群体中表达自己的建议与诉求?在自己与别人意见相左时怎么去协调?这些过程在玩耍中是自然进行着的。

⊙ 接纳孩子目前的社交状况

当发现孩子不被同伴接纳或者孩子对社交行为表现得比较退缩

的时候，父母比较容易着急。忍不住要责怪他们，"你这么爱哭，别人就不愿意和你玩啦！"这是可以理解的。作为家长的你也可以试问自己，"对于孩子的这种情况我是不是能马上就不着急了？"

是的，改变是可能的。但是所有的改变都要找到起点。现状就是起点。不接纳现状，改变就无从谈起。在咨询室中发生过无数次戏剧性的情况是，当一个人发自内心地接纳现状时，改变就开始了。从这一点来说，接纳是最难的一步，因为它意味着至少有一个时刻，一个人要和自己拒绝的、厌恶的、痛恨的特质、标签或经历等共存。

或许你是一个叱咤职场的精英，或是一个温婉浪漫的理想派，"我怎么会有你这样的孩子！""你怎么一点也不像我，怎么这么爱哭，一个男子汉，哭什么哭！""女儿你能不能不要那么爱讲话！"

是的，多年的成长和磨砺，我们形成了适应自己所在环境的性格，或许也倔强地保留了一些独特的个性，作为成年人你对"人是什么？""人性是否可信？""什么对人是有价值的？"等都有自己的认识，并作为宝贵的人生经验传递给孩子。家长的人生经验非常可贵。但是孩子有他自己本身的气质、身体特征，有他们需要面临的家庭、学校和社会环境：逐渐增加的学习压力、日益减少的自由玩耍时间、距离非常远的小伙伴、各色各样的辅导班、眼花缭乱的商品、无时不在的广告……这些是我们小时候没有的经历。他们内心的感受是怎样的呢？

"孩子你遇到的问题，后来是怎么解决的呢？"

"你回来就哭了，忍了一路很辛苦吧？发生了什么，愿意和妈妈说说吗？"

"你一天讲那么多话，精力充沛又活泼，说实话我挺羡慕的。"

⊙ 倾听孩子在社交中面对的困境和情绪

倾听会让你眼前的孩子越来越真实，当你不再用内心的标准去衡量他，而允许他真实地存在时，你们的关系也逐渐真实起来。

通过倾听，你会看到一个孩子的努力，他压抑着内心对失败的恐惧来达到老师、父母和自己期望的标准；他也寻找一些可以让自己放松和懈怠的机会；他不知道自己说这么多话别人是什么感受，语速快是他很喜欢的一个特点，是一个不同于别人的地方。他们对自己也没有那么的确定，但当面临指责时不由地就要为自己"代言"。

⊙ 站在孩子的角度帮助他分析问题

帮助孩子看到问题的根源，并基于此启发孩子寻找其他的替代方案。

"你那么害怕失败，有什么方法能让你感觉好一点吗？"或者"你非常担心来自哪里的评价？"

肯定孩子的优势，找到可以让优势更好发挥的途径。"我听到你说非常喜欢自己语速快的特点，我觉得很欣慰，让我们来看一看日常生活中有什么地方能发挥你这个特长吧。"

安抚孩子的情绪，请孩子回忆情景，分析问题。"如果哭能让你感觉好一点，你就哭一会儿吧，等你平静下来时，可以把当时的情况讲给我听吗？我们一起来看下一次你可以怎么办？我知道这可能有点难，因为你可能不想回忆起某些细节，我理解这并不容易。"

⊙ 把实践的机会交给他

孩子长大后，家庭可以成为孩子往外探索的补给站，帮助孩子缓解情绪、释放压力、恢复精力以便迎接第二天挑战。家长可以成为孩子的教练，通过倾听、共情和理解给孩子支持，通过分析来引导孩子的发展。当问题已经明晰，接下来就是要孩子执行和实践了，鼓励孩子在下次遇到类似的情景时实践你们的新观念，在不断的实践中稳固新认知，形成新行为。

3 孩子社交相关案例解析

【案例一】爱告状的小同学

"老师，明明偷吃零食了！""老师，菁菁撒谎了！"老师在一天中能接到奇奇的无数次告状，一点鸡毛蒜皮的事，就来告状了。好像小学生特别爱告状，年级越低越频繁。不过每天处理这些告状，也真是挺累人的。

心理学分析

小学生告状现象非常普遍，这不是因为孩子品质的问题，而是孩子发展阶段中重要的社会技能"道德 — 规则意识"发展的结果。

心理学家科尔伯格"道德发展阶段理论"在道德心理学领域内影响极大。他给不同年龄段的孩子提出一些具体的情景问题，让孩子们进行道德判断。

其中有一个典型的跟告状有关的故事：乔的爸爸许诺乔，如果乔挣够了 50 元钱，就可以拿这笔钱去野营。但他后来又改变了想法，让乔把这 50 元都交给自己。乔就向他的爸爸撒谎，说自己只挣到 10 元，然后把 10 元交给了爸爸，自己用 40 元去野营了。乔把这件事告诉了弟弟阿里克斯，请问，如果你是阿里克斯，会去爸爸那里告状吗？

绝大多数 4 ~ 12 岁的孩子选择了告状，事实上这也是孩子喜欢告状的年龄阶段。告状多发于小学阶段，到了中学告状就变得不再

那么频繁。按照科尔伯格的"道德发展阶段理论"，孩子的道德发展经历了三个水平六个阶段：

（1）前习俗水平（4～10岁）：道德判断以自我为中心，关注个人利益

惩罚和服从的定向阶段：认为会被他人惩罚的行为就是错的，错的就要告发。哥哥的事儿让爸爸知道了他就要挨打，那他肯定是做错了，告发！

寻求快乐定向阶段：行为正确与否由一个人自身的需要决定，要共赢互惠，如果有人不开心，那就有问题。哥哥的事儿，爸爸知道肯定不高兴，那还是告吧！

（2）习俗水平（10～13岁）：孩子的道德判断不仅考虑到自己，还考虑到群体和人际关系

好孩子定向阶段：认为一个人的行为正确与否，主要看他是否为别人所喜爱，是否会受别人称赞。哥哥这么做不是好孩子，但是老师/父母让我们有情况要汇报，我汇报了会被表扬，那还是告。

权威定向阶段：强调遵循法律、服从权威、维持社会秩序。爸爸这么做好像有点出尔反尔，哥哥似乎没什么错误。

这就是年龄偏小的孩子喜欢告状的心理学基础了。

（3）后习俗水平（13～18岁）的孩子不再盲目地相信法律，而有自己的道德原则。

社会契约定向阶段：孩子认为对法律和规则是否遵循应该出于理性的考虑，规范也是可以被质疑的。我认为哥哥其实有和爸爸协商的余地。

原则或良心定向阶段：孩子出现了个性化的道德指标，这时候个人的道德发展就趋于成熟和个性化了。或许我可以分别提醒爸爸和哥哥下次有更好地处理方式。大部分情况下，孩子告状是因为他们希望得到帮助，但不同情形下他们的动机也各有不同。

求助性行为：受了委屈，或遇到问题手足无措时，他们"告状"的意思是：爸爸妈妈／老师，快来帮帮我们吧！这也表现出孩子对成人的一种信任。

嫉妒性行为：嫉妒是对他人的优越地位而产生的不愉快情感以及由此所导致的相应行为。

报复性行为：这类学生"告状"常常带有针对性，他们经常会盯着和自己有过节的同学，而成人对他人的批评会使他们产生心理上的快感，获得心理满足。这是一种为求心理平衡而产生的"告状行为"。

表现性行为：目的是为了表现突出自己，动机是积极的。

试探性行为：自己也很想去做的一些事情，但又担心不"合法"，不知父母、老师的态度如何，以告状来探虚实。如果允许，他会立即去做，若反对，他会立刻去阻止别人。

❀ YoKID 优儿学堂支招

（1）一般情况下，当孩子告状时成人不能随便敷衍，这样做会让孩子感觉得不到成人的尊重，会使孩子更感委屈；也不能总说"好，我来批评他"，这样势必会让孩子的告状行为得到强化，让孩子的告状行为愈演愈烈。大人应予以关注并耐心倾听。

（2）耐心倾听孩子的讲述，把你的关注自然地表露给孩子，并

进入他们的感情世界，理解他们的情绪。家长或老师可以通过关注与倾听，敏锐地分析出问题的症结所在，正确理解报告人的情感或动机。

（3）倾听和理解之后，老师应尽量鼓励孩子自己解决问题。学会处理矛盾，解决问题是孩子面临的一项发展任务。孩子在一起学习，玩耍，发生矛盾是常有的事情，大人不能事事包办代替，否则会让孩子养成依赖的心理，还会助长孩子只看别人的缺点，不看别人的优点，搬弄是非等坏习惯。老师应鼓励孩子自己去解决问题，孩子掌握了独立处理矛盾的能力，他以后就不会动不动就告状了。

【案例二】不懂拒绝可真累

涵涵是一个非常善解人意的孩子，很会替别人着想。同时，她也是一个"老好人"，不懂拒绝。明明自己很喜欢的东西，但是别人想要，她也还是忍痛割爱；即便自己时间不允许，自己心里不乐意，也不愿意拒绝别人的请求。孩子不会拒绝真的会很累，偶尔还会受欺负。

心理学分析

为什么有些孩子不懂得拒绝别人呢？

（1）无原则的礼让摧毁孩子的自我界限

什么是自我界限？就是自己和他人在情绪上、空间上以及生理上的距离。在距离安全的前提下，个人界限会在你面临选择时，帮你辨别哪些事情是可以接受的，哪些则需要拒绝。也就是说，界限是一种说"不"的能力。拒绝那些让你的身心感到不适，或者受到伤害的事情，保护你在社会中获得基本的礼遇和尊重。

如果孩子在幼儿阶段，经常强迫孩子非常不情愿地，将自己喜欢吃的东西、喜欢玩的玩具与其他小朋友一起分享，那么渐渐的孩子从幼年时代便戴上友善的面具，只考虑他人而忽略自己，对冲突采取退让态度，甚至会压抑自我，一味地迎合他人的需要，陷入无法说"不"的不良沟通模式之中。

（2）孩子不懂得去拒绝别人，是因为小时候没有建立安全感

因为拒绝就可能面临失去，如果孩子安全感不足，那他很难忍受分离和失去，所以很多时候就会忽视自己内心的真实感受，被动地迎合别人的观点，别人的安排，甚至愿意牺牲自己的利益，去满足别人的利益。

（3）害怕被否认

害怕拒绝别人，是一种内心依赖他人认同和害怕他人不接纳自己的焦虑。孩子希望大家都接受自己，喜欢自己。而拒绝可能引起别人的不接纳，所以孩子要用"有求必应"的讨好态度和行为，满足受重视、被接纳的心理需要，同时也能回避被否定的焦虑。

优儿学堂 YoKID 支招

那么，如何教会孩子说不呢？

（1）帮助孩子建立清晰的自我界限

当孩子开始发展自我意识，有了"我"和"他人"的界限时，父母要帮助孩子划定自己与他人的界限。这样孩子才能逐渐认识到"我的就是我的，除非我愿意，没有人可以拿走它"。如果孩子的界限被打破了，经常分不清"我的""别人的"，父母要慢慢地引导帮助孩子重新建立起来。家长要帮助孩子观察和感受自我的界限，他们的一些行为会对自己和他人造成怎样的影响，并引导孩子理解什么是适当的行为。

（2）尊重孩子自我意识的发展

当孩子强调"我的"时候，正是在划定自己与他人的界限。因此当孩子表达"不"时，家长应给予理性的支持，多听听孩子的想法，对于孩子合理的想法，父母要支持和鼓励；对于孩子不合理的想法，父母可以引导，但不可以打骂和嘲讽。

（3）帮助孩子改变不合理认知

害怕拒绝的孩子都有一种不合理的认知：拒绝就是伤害感情，

拒绝别人他们就可能不喜欢我了，友谊就没了。帮助孩子调整这样不合理的认知：拒绝别人就失去友谊了吗？别人是因为自己从来不拒绝才和自己交朋友吗？自己有什么优点是朋友很赞赏的？慢慢地引导孩子，尽量多的挖掘可能性，这样孩子才能拓宽自己的思维。

（4）拒绝要讲究方法：真诚明确，态度坚定，语气要委婉

教给孩子拒绝的方法：真诚、明确地告诉对方你拒绝的理由，把难处和苦衷告诉他人；拒绝时要干脆明了，不要磨磨蹭蹭，犹豫不决，更不要模棱两可，拐弯抹角；不要使用让对方还抱一线希望的词语，要注意说话的语气一定要委婉、巧妙。

【案例三】克服说谎也不难

豪豪最近写作业的时间变短了，说是老师留的作业少，后来和老师沟通才知道，他好几天没完成作业了。居然还对老师说，"最近妈妈生病住院了，所以没时间做"。而且这样的事情不止一次了，经常是"父母、老师两头骗"。真是头疼，妈妈担心孩子现在说小谎，以后就可能说大谎，怎么办呢？

心理学分析

通常来说，孩子说谎的类型主要有想象型说谎、虚荣型说谎和逃避型说谎三种。

（1）想象型说谎：将想象和现实世界混淆

这种类型的说谎，基本发生在孩子阶段。这时候孩子的想象力非常丰富，很多时候会自己凭空想象一些不着边际的话，并说得和真事一样。因为孩子还分不清想象和现实之间的界限，所以并不是刻意说谎，而是把所想象的事物当成现实。这种幻想式谎言并不是真正意义上的谎言，无须过分担心，也无须责怪孩子。

（2）虚荣型说谎：流露愿望或者为了引起注意，获得关注

由于孩子辨别是非的能力和自我控制力较弱，不能抵御物质的诱惑，因此会出现不诚实的言行，比如，孩子没有达到父母或老师的要求，又想得到赞美时，或者想在同伴中保持某种地位时，往往会用谎言来将自己不足的地方"补"上。比如，"我也有这样的玩具""我妈妈也刚刚给我买了这个款式的裙子"，诸如此类的谎言常常是在流露一种愿望，同时也是在掩饰愿望没有实现的失落。

（3）逃避型说谎：为了逃避批评和一些自己不愿意做的事

比如，孩子不愿去上学而说自己肚子痛。这类说谎，往往是恐惧心理所致。滥施惩罚是造成孩子因恐惧而说谎的一个重要原因。

孩子做错事或有行为过失时，为了开脱责任，逃避家长、老师的惩罚或打骂，便用说谎的方式来掩盖事实，以避免对自己不利的后果。

 优儿学堂 YoKID 支招

德国的教育专家罗特·克雷奇默说，在对待孩子说谎的问题上，如果父母亲能采用一种平静、淡定、理解的方式，那么从一开始就能避免许多谎话和不必要的争论。这也就是说，面对孩子说谎，家长第一时间要先控制自己的情绪，然后再冷静分析孩子说谎背后的理由，根据情况进行有针对性的教育。

（1）针对想象型说谎的孩子，父母要正确引导：帮助和启发孩子重新认识自己的所作所为，以及哪些地方夸大歪曲了事实真相。当孩子讲述真实情况时，要对他们坦诚的态度给予赞同和肯定。同时让他们认识到"诚实的孩子是受欢迎的孩子"。

（2）针对虚荣型说谎，父母要引导孩子不要太在意别人的眼光，每个人都有别人没有的东西，每个人也都有优点缺点，每个人都是独立的个体，做自己就好。

（3）针对逃避型说谎，父母要明确态度，告诉孩子自己喜欢诚实的人，鼓励他们说出真相，孩子说出实情后，不要因为他做错事而责怪他。首先要表扬他的诚实，然后再帮助孩子分析错误的原因，引导他思考以后遇到此类问题时的正确处理方法。这样既能培养孩子的自理能力，避免以后再犯类似的错误，也能防止孩子因害怕批评而说谎；反之，父母一味地批评，就会形成恶性循环，可能会导致孩子以后面不改色地随意说谎。

（4）家长对孩子要求不要太高，过高的期望值会使孩子身心疲惫，给孩子造成巨大的心理压力从而说谎。比如，孩子有些作业题目不会，但是因为害怕说出来家长批评或者担心，就会说谎。

（5）采用阳性强化法矫正孩子的说谎行为。当孩子出现良好行为的时候，给予孩子及时的奖励（或者夸赞）以强化孩子的这个行为。比如，孩子每天如实地告诉家长作业，并及时完成，家长可以奖励给孩子一个小星星，得到10颗星星可以在家长这里换取一次更大的奖励（比如，去吃一次大餐。注意这个奖励必须是孩子想要的，而不是家长强加给孩子的）。

（6）父母应做好榜样，不要"教"孩子说谎。许多家长意识不到自己一些细小行为给孩子带来的影响。例如，不喜欢接待来访客人，就教孩子说"如果某人来找我，就说我不在"；甚至有的家长说到做不到，给孩子空口许诺等。

【案例四】社交恐惧急不得

茵茵读小学五年级，内向害羞、不敢与人交往。老师提问，她不敢举手发言。她回答问题时嗫嗫嚅嚅，课间也不和同学玩，一个人郁郁寡欢。在一次演讲中，茵茵竟把原先背得滚瓜烂熟的演讲词忘得一干二净，她尴尬极了。经过这次失败的演讲后，茵茵就更不愿意和别人交往了，甚至经常回避别人的眼神。

心理学分析

孩子这一系列行为的主要原因是社交恐惧心理，主要表现是害怕在众人面前表现，对被人注意尤为敏感。有社交恐惧心理的人很少参加社交活动，不得已参加时，在人群中也显得退缩，看起来比较羞涩；遇到要发言的场合（或课堂上被提问），他们非常紧张，有时甚至达到恐慌的程度，直到事情过去以后，神经才能整个松弛下来。

事实上，能称得上"社交恐惧症"的中小学生是很少的，大多数存在恐惧心理，并带有相应的行为表现。社交恐惧通常和孩子自身因素、成长经历、家庭教养方式、社会环境有关系。

（1）孩子自身因素影响

孩子自卑、对自我的认同感不强，害怕自己不够完美，害怕在众人面前丢面子；或者因自我认知水平的偏颇，往往忽视自己的优势，在意他人不恰当的评价；一些失败经历导致孩子的挫败和畏惧感，如在大庭广众下表现不佳或者当众被批评。

（2）不恰当的要求

家长、教师不切实际的过高期望，学生经常承受一些过分的批评，他们长时间生活在担心、害怕情绪中，容易害羞、胆怯、害怕权威。

（3）过度保护和溺爱

父母过分溺爱娇纵或者过分保护孩子，有求必应，让孩子失去自己解决问题、处理矛盾的机会，面对挫折时抗逆力低，从而逃避与人交往。

（4）家庭冲突

家庭长期的紧张气氛或激烈的冲突会造成学生的不安全感，和

别人交往时自信心较低，生怕自己不够好。

优儿学堂 YoKID 支招

（1）从小培养孩子的独立、与人友好交往的意识

父母应该多创造一些外出活动和与人交往的条件，鼓励孩子多和周围的朋友玩耍，让孩子在和陌生朋友的交往中自然地提高交往能力。家长不要担心孩子单独外出会闯祸，或受到别人的欺侮，越束缚孩子，越容易让孩子变得胆小，怕见生人。

（2）引导孩子在遇到问题时该怎样处理

多让孩子参与社交活动，不要害怕孩子和其他孩子发生矛盾。发生问题的时候正是孩子学习与人交往的好机会。家长如果察觉出孩子有社交恐惧的迹象，要鼓励孩子正确地认识自己和他人，每个人都有优点和缺点，不要为别人对自己的看法担忧，增强孩子对自己的认同感。

（3）接纳孩子现状，必要时寻求专业帮助

对具有恐惧情绪的孩子，不要讥讽孩子"怎么这么胆小，没出

息"，要给予支持和帮助，理解孩子怕当众出丑的心情；可以给予一些克服恐惧的小方法，比如，每天在家里对着镜子说出自己的优点、和陌生人进行四目对视等。如果孩子的社交恐惧情绪严重，可以找专业的心理咨询师寻求帮助，咨询师可能会对孩子进行系统脱敏的治疗和一些认知行为训练。

【案例五】如何应对孩子的攀比心理

小磊妈最近很困扰：上小学的儿子越来越爱攀比，上个月吵着要买滑板车，这几天吵着要轮滑鞋。小学生攀比太严重了，小到玩具、书包，大到房子、车子。攀比影响孩子的心理健康，身为家长，该怎么办？

心理学分析

攀比心理，是刻意将自己的智力、能力、生活条件等方面与别人进行比较，并希望超越别人的一种心理状态。孩子攀比的原因有很多，大致可以分为以下几种：

（1）同伴对孩子的影响

和谐、融洽的人际关系是孩子重要的心理需求，是孩子心理成长与发展的有机组成。孩子都想在同伴中不被排斥，不被嘲笑，不被看成是异类，所以别人有，我也要有。

（2）社会环境（电视、网络等大众媒体）对孩子的影响

电视网络媒体宣扬高消费物质享受和所谓的光鲜亮丽，对孩子会产生一定的影响。

（3）家长的攀比心理对孩子有一定影响

家长往往都喜欢拿自家孩子跟别人家孩子进行攀比，攀比的内容或是学习成绩，或是穿着，又或者是孩子某一方面的能力。在家长攀比行为的影响下，孩子也容易产生攀比心理。有些家长的心理比较好强，怕自己的孩子受委屈，即使再苦再累也要满足孩子的需求。这也是导致孩子产生攀比心理的一个原因。

优儿学堂YoKID支招

攀比心理是孩子成长阶段常见的一种不健康心理，会给孩子的成长带来很多消极影响。

那应该如何应对呢？

（1）运用反攀比教育手段消解孩子的攀比心理

家长简单拒绝孩子的要求，孩子会感到比不上别人，甚至认为父母不爱他。让孩子明白为什么不能样样与人攀比的有效方法，是反攀比或改变攀比兴奋点。反攀比就是用孩子自己拥有的优势特长与其他孩子相比较，让孩子逐渐认识到自己的专长与亮点所在，从而获得自我认同感与自信心，认可自己存在的意义与价值。比如当孩子看到别的小孩有电动火车，他也想要时，不妨根据孩子现有的心爱玩具，问他是不是每个小朋友也都有，或者针对孩子的专长，问孩子在班中谁这方面较好，当孩子看到自己有的东西别人也没有，自己的专长别人比不上时，情绪会好些。与此同时，孩子也受到这样的暗示：不是每个人都可以拥有别人同样的东西，每个人的条件不同，他所获得的东西也是不同的。此时再给孩子讲些道理，孩子才会明白为何不能攀比。

（2）家长以身作则，帮孩子树立正确的消费观

孩子的合理需求可以满足，但没必要和别人完全一样。当孩子看到别人家的汽车非常羡慕："妈妈，什么时候咱家也买车呀，多威风呀！"家长可以引导孩子"人家买车，是需要，说不定人家家长上班路途很远，而我们距离不远，没有必要开车。我们买东西是根据我们自己的需要，而不是因为别人有我们就要买。生活要有自己的标准，不要用别人的标准来要求自己。"

心理测试——孩子社交焦虑量表（SASC）

孩子社交焦虑量表（Social Anxiety Scale for Children，简称 SASC）的条目涉及社交焦虑所伴发的情感、认知及行为。包含 10 道题目，每个题目有 3 个选项（从不是这样，0 分；有时是这样，1 分；一直是这样，2 分）。选项没有对错之分，选择符合自己的选项即可。

1. 我害怕在其他小朋友面前做没做过的事情。

2. 我担心被人取笑。

3. 我周围都是我不认识的小朋友时，我觉得害羞。

4. 我和小伙伴一起时很少说话。

5. 我担心其他小朋友会怎样看待我。

6. 我觉得小朋友会取笑我。

7. 我和陌生的小朋友说话时感到紧张。

8. 我担心其他小朋友会怎样说我。

9. 我只同我很熟悉的小朋友说话。

10. 我担心别的小朋友会不喜欢我。

由于 SASC 是一个新的量表，标准化的数据很少。但测试的结果显示：二年级的学生均值为 10.4 分，三年级的均值为 9.9 分，四年级的均值为 8.9 分，五年级的均值为 7.7 分，六年级的均值为 8.4 分）。在不分年级的测查中，女生的评分 (均分 9.8 分) 显著高于男生 (均分 8.3 分)。如果孩子的表现疑似社交焦虑，建议家长带孩子寻求专业心理咨询师的帮助。

第8章
学习适应篇

　　我们生活在一个信息极其丰富的时代，很多人即使在成年后也没有停下学习的脚步。一个人本身的好奇心和探索的欲望是促使其勤奋好学的动力。怎样激发孩子的学习热情，引导孩子主动学习，让孩子承担起学习这件事的责任，才是家长的重要任务。

1 孩子为什么讨厌学习——解读学龄孩子的学习特点

在学校孩子会遇到哪些挑战？他们是如何思考问题的？当遇到困难时他们会怎么处理？

⊙ 童年中期孩子的成长

按照皮亚杰的认知发展理论，孩子大约从 7 岁起，开始进入到具体运算阶段（concrete operation）。此时孩子的思维不再局限于"自我中心"，可以更好地理解空间概念（比如，根据地图能找到隐藏的物体，认得从家到学校的路，在给人指路时能提供一些线索）、因果关系、分类、归纳与演绎（黄色的猫、黑色的猫都是猫，但猫不都是黄色的）、守恒（把一团黏土搓成条形后，黏土没有减少）以及数的概念和计算。孩子的认知能力仍局限于具体情境，这是大脑进一步发育的结果。

孩子逐渐有了时间的概念，但是对于时间的认识比较稀薄。到了 6 岁，孩子的自制能力有所增长，但个体之间仍有差异。自我调节和制定计划的脑区到 25 岁左右才发展成熟，因此孩子在执行计划的时候会遇到困难。

在童年中期，女生比男生的语言能力成熟较早，且男生更容易表现出多动、注意力不集中等，女生在学业上可能更有优势。

⊙ 常见的孩子学习问题

贪玩坐不住：孩子写作业前要先玩一会儿玩具、看一会儿电视，

他开始写作业后不是喝水就是跑别的屋里转一圈。这与孩子的冲动和控制能力发展不足有关，需要提高自制力。

还记得我们在第3章提到的棉花糖实验吗？自制力高的孩子能采取一些措施转移自己的注意力，从而延迟自己不吃棉花糖的时间。进入小学后，自制力是影响学业的重要因素。在课堂上，孩子既要保持自己处于一定的兴奋度（不瞌睡），又要控制自己过分的冲动（不乱跑、打闹）。由于孩子容易注意力不集中，因此家长和老师适时地提醒孩子遵守纪律和要求很有必要，在提醒时家长和老师要注意态度，避免命令引起反抗。

马虎不认真：写作业时总是漏做题，或者因为少看了字，造成对句子的理解错误。这是因为孩子在注意力广度和集中之间切换时容易忽视掉一些细节。家长可以通过注意力训练使孩子集中注意力。

不爱主动思考：遇到难题了，不想思考，直接拿去请教老师，或者咨询同学，只想知道答案是什么。一个人没有享受到思考带来的乐趣和自己发现问题的欣喜感，学习就会变得很辛苦，积累的疑点越多，学习的动力越受损。可以给孩子设定小目标，一点点启发思考。不爱主动思考的孩子可能特别想快点学，帮助他体验到"慢就是快"，大脑消化好知识点，才能在需要时提取出来。

自信心不足：学习效能感低，对自己心存怀疑，"我行吗？"家长不能一味地鼓励，而是要看到孩子内心的犹疑和不自信，反馈他的进步时，可以这样说："你最近一段时间很努力，每天回家后都先做完作业再玩，这些努力在你这次考试中有所体现，你似乎对这个进步有点无所谓，好像它下一次就不会出现了。你愿意再尝试一段时间继续观察效果吗？"

⊙ 畏难情绪是拦路虎

在孩子遇到困难时退缩是可以理解的，"畏难情绪"是孩子面对困难时自信心不足的表现。当遇到困难或者挑战时，孩子担心自己不能应对，不敢往前走，而是找借口躲避开这个情景。出现畏难情绪时，孩子会高估任务的难度，即使有相应的能力也不愿意去尝试。

即使成年人也有怕一件事太难而不敢尝试的情况。古罗马哲学家塞内卡说"不是因为事情困难，我们不敢做；而是因为我们不敢做，事情才变得困难"。因为再大的事情也能被分解为细小的步骤。赶走畏难情绪可以从以下几点入手：

（1）帮助孩子平复情绪

当孩子想要从任务面前逃跑时，你最好把他的害怕看成是真的。而不是告诉他"这有什么呀，不就写个作业嘛"。这句话有两个潜在含义：你不应该有害怕的情绪；我会因为你有这样的情绪而贬低你。

这样孩子就会处在一个矛盾的状态："我真的感受到了一种强烈的不舒服感，但是妈妈说我不应该有这种感觉"。于是他就会用哭或者发脾气来告诉妈妈他真的不舒服；另一方面他也会为有这样的感觉而感到羞愧，"这似乎真的是一件没什么的事情，但是我却为此感到那么大的恐惧，我真没用"。

相反，父母可以说："我感觉你真的很害怕，就好像作业是一个老虎一样。你担心自己打不过它，特别想跑掉。但是我想你可能也是非常想试一下的，虽然你害怕得想逃，但是你没有去看电视，

也没有离开座位，你想去试一下，但是不知道怎么办才好。"孩子听到你这么说，他即使不能马上就开始行动，也可能会因为妈妈的理解而感到放松。要知道被一个看不见摸不到的情绪困扰，孩子的内心也很委屈，看到有人理解自己，没准儿还会委屈地哭起来。

（2）重新认识任务

等他情绪平复后，"我们一起来看一看到底是什么让你担心好吗？你可以帮我指出来"。

还是刚才的作业，先不着急做，把每道题要求孩子做的事情一个一个列出来。很多时候我们是不知道怎么做才感到害怕。比如：商店里有4筐苹果，每筐55千克，已经卖出135千克，还剩多少千克苹果？"你看这道题它让你做什么呢？求差，对吗？从总的苹果数里减去卖掉的苹果数，就得到了剩余的苹果数。这是个减法。那总共有多少苹果呢？哦，有4筐，每筐是55千克，这是乘法。你试着分解一遍，我陪着你。"

在解决抽象的问题时，可以引导孩子进行出声思考，把自己解决问题的思路和步骤说出来，这样孩子在面对一个任务时就不会觉得束手无策了。日常生活中父母也可以在日常谈话中加入自己完成的任务和计划，比如"今天我主要做了 3 个工作，虽然累，但是很兴奋啊，上午我去了客户的公司谈了一下对上次方案的修改，客户又给了一些建议；下午召集部门的人开会，把这几个建议分别下发了出去；我自己负责的那个组又想到一个超级棒的创意，我们一起努力做了一个 B 计划。""晚上想吃什么？你帮我切菜。我来洗刚买回来的新鲜水果，我洗好水果再蒸米饭，蒸米饭的时候炒你想吃的菜，这样所有的晚饭就可以同时出锅了。"日常生活中的这些讨论不仅有助于大人之间的协作，孩子耳濡目染也会学到怎样分解一个任务，怎样跟别人协作，以及任务的进行不是一帆风顺的，中间会遇到一些反复。当一个人对一个任务的认知越客观越接近实际时，他应对起来也更有信心。

（3）行动起来，并给予鼓励

鼓励孩子行动起来。当孩子开始行动时，父母最好不要给太多指导。你可以看自己的书，或者留孩子自己做作业，告诉他，"如果需要，你随时可以过来找我。"这是在给他一个暗示"你可以的"。

当孩子坚持完成时，切合实际地给他反馈"刚开始你觉得很难，想尝试但不知道怎么办，看到你平复了情绪，分解清任务后，虽然心里还有一些不确定，但你勇敢地迈出了第一步，记住这种感觉哦！我为你高兴"。

 **让孩子爱上学习：培养孩子良好的学习习惯**

良好的学习习惯包括哪些？父母如何引导和示范？怎样鼓励孩子最有效？

6岁时孩子的脑重已经接近成人水平，但是特定的脑区还在持续发育。广义的学习，是孩子学习社会规则、学习日常生活技能、学习与人交往、学习解决问题等，侠义的学习是指知识的学习。

大脑是一个神奇的器官，与学习有千丝万缕的关系。大脑喜欢什么呢？

⊙ 大脑喜欢联结

这种联结包括和一个人建立关系，和一个事物建立关系。联结能让人感到安全和放松。大脑不喜欢压力，当预感到危险时，它会进入"或战或逃"的戒备状态。

当一个孩子听到父母的指责或者严厉的批评时，他潜意识中就接到了两个信息：

"父母生气了，我和父母的关系有危险！"

"我做错了，我也有危险！"

人类对错误的害怕可能是长期习得的，担心承担未知的后果。

当孩子做错事情时，父母有时出于保护孩子，避免他体会到挫折感而替孩子承担责任。父母可以让孩子参与承担事情引发的后果。这样他可以把之前做事的冲动、事后的悔恨以及承担后果的不易联结起来。参与可以让孩子对错误的严重程度有直观的体验和客观的认知。这样孩子既可以引以为鉴，也不会因过于害怕犯错而再也不敢尝试。

⊙ 大脑喜欢开放的游戏

开放性游戏是指不限制主题、空间、规则的游戏，孩子可以在其中自由发挥想象力，创造新内容。比如随意堆砌黏土、角色扮演游戏等。

经常参加开放性游戏的孩子，更有创造力，语言能力更强，更善于解决问题，压力更小，记忆力更好以及更善于社交。

⊙ 大脑喜欢主动

参与感对一个人很重要，你可以回忆一下，不管是在你的工作中，还是生活中，人们都不喜欢发号施令的人。一个人听到命令意味着自己处于被动的状态。只有一个人获得归属感，主动参与到一件事情时，他的大脑才会积极主动地寻求和这件事情的联结。

⊙ 大脑喜欢思考

大脑喜欢问句，不喜欢祈使句。问句是一个启发大脑思考的句型，问句表示了没有预设的关心，为接下来的回应留出了空间。

“我们吃晚饭了，接下来你打算做什么？”这样的问句可以得到一个“我看一会儿电视后就去写作业。”的回应，而“吃晚饭了，赶紧写作业去！”得到的回应可能是这样的：“我不，我要看一会儿电视！”

“你想先做什么？”可以得到类似“我想先做语文，再做数学”的回应，而“先去写语文，再去做数学”得到的回应可能是顺从的“好吧”或者反抗式的“你怎么什么都管”。

⊙ 什么是良好的学习习惯？

体验式的学习

人容易对体验有深刻的印象，在知识的学习中增加体验有助于我们加深对知识的认识，让知识的存储更牢固。

开放式的学习

在一个轻松的气氛中，鼓励孩子对学到的知识进行讨论，发散思维，发挥想象力，在这个过程中激活彼此大脑中学到的知识，把知识用起来。

主动型学习

让孩子意识到学习是一个人认识世界的必然途径，承担起自己学习这件事情的责任，主动地参与进自己的学习中。孩子学习的主动性高，更容易体验到学习的乐趣。

思考型学习

时不时地给大脑抛一个问题吧，除了讨论外，问问题也是激活大脑的有效方式之一。对学到的知识保持疑问，对新事物保持好奇。这是终身受用的学习习惯。

3 学龄孩子学习适应相关案例解析

【案例一】拖拉小蜗牛

小飞是小学四年级的学生，每天晚上写作业之前，总是要先玩一会儿游戏和翻阅动画书，而且常常超过半小时，然后才会写作业。写作业时他一会儿喝水，一会儿上厕所，一会儿发呆，一会儿玩笔，拖拖拉拉很晚才能做完作业。甚至有时候经常到晚上11点左右才能睡觉。睡得这么晚，可是孩子的成绩却没什么起色。孩子这样拖拖拉拉怎么办呢？

心理学分析

孩子拖拖拉拉的原因通常有以下几种：

（1）孩子生活在家人的催促声中，无论什么事情拖到后，总有人帮他解决。家长经常对孩子说"快点快点""你怎么这么磨蹭啊"，无形中给孩子形成一种消极的心理暗示，孩子就越来越磨蹭了。

（2）父母的责备、家人的嘲笑、学习上的压力甚至挫败感和自信心的缺失，都会让孩子感觉很焦虑。孩子越觉得自己做不好，越是着急、担心，越是着急、担心，越容易采取拖延的办法逃避。

（3）孩子的时间观念淡薄，时间管理能力差，做事缺乏紧迫感，缺少计划性。

（4）有些家长给孩子布置了额外作业，给孩子造成了很大压力，让孩子觉得："反正早早写完份内作业还有课外作业，不如晚点写完就不用多做"。于是孩子采用磨蹭的策略来对待家长施加的压力。

 **优儿学堂 YoKID 支招**

对待孩子的磨蹭问题，建议家长首先要找到孩子磨蹭的原因，然后根据实际情况进行处理。家长们可以参考以下方法：

（1）强化孩子的时间观念

可以利用限时法对孩子进行一些训练。在日常生活中，很多事情都可以给孩子设立时间限制，比如，让孩子在3分钟内完成一定数量的计算题，家长可以看表计时，孩子完成后及时地表扬孩子，"在规定时间内完成了，进步太快了"。孩子磨蹭的其他事情也可以分解，给孩子限制时间让他来完成。

（2）改变不合理的观念

如果大家都批评孩子慢腾腾的，久而久之孩子心里也就认定了自己不行，再努力可能也快不了。改变就要从改变观念开始，让孩子逐步建立以下观念：我完不成作业，是因为上课没认真听讲，造成自己不会，而且回家还长时间地看电视，玩游戏，如果改掉这两个坏习惯，我的成绩就能上去；我的手工作品就受到老师的表扬了，这说明我一点也不笨，而且还心灵手巧呢。帮助孩子重新建立自信心，让孩子能够重新认识自己，燃起学习的欲望。

（3）父母要适度降低期望值，给予弹性要求

在感觉孩子"慢吞吞"要发火的时候，家长要有所察觉，提醒自己并不是孩子慢，而是自己的心理时间在孩子的能力范围以外。

比如，有的家长希望自己"去收拾书包"的话音未落，孩子就停下手中的事情去整理，这是不太可能的事情。用发展的眼光看待孩子，看到孩子每一次进步，而非看到孩子的"慢腾腾"就着急发火。家长可以用发现的眼光，发现孩子的闪光点，并及时表扬孩子的努力和进步。

（4）家长放手让孩子自己的事情自己动手

家长可能会担心孩子迟到，或者出于节省时间的考虑，经常替孩子把整理书包、整理房间的事情做了，但这样几乎就让孩子失去了对所有时间的自主支配权，长此以往，孩子很可能就会迷失自我，找不到自我存在感。

（5）家长要学会等待，让孩子慢慢成长

孩子的改变不是一朝一夕，一蹴而就的。家长如果急于求成，可能会适得其反，让孩子产生逆反心理。

【案例二】课堂捣乱小刺儿头

> 说起小珂，老师们都会摇头，非常叛逆，上课时总要弄出点动静，一会儿书本掉了，一会儿逗得同学哈哈大笑，一会儿找同学打闹，扰乱课堂秩序，影响别人学习。因为这样的事情，爸爸已经被老师叫去谈话3次了。每次谈话后，父母都要"软硬兼施"地管教儿子一番，可过不了几天，他又变得顽皮起来。真不知道如何才能让他在课堂上安静地听课。

心理学分析

孩子在课堂上捣乱，一定有他的原因。

第一， 可能孩子本身自控能力差。虽然孩子自己也知道上课捣乱是不好的行为，但因为他缺乏自控力，无法做到在课堂上遵守秩序。第二， 可能孩子在学习上感觉困难，没有兴趣，于是产生了"破罐子破摔"的心理。 第三，可能孩子有被关注的需求。有些孩子故意捣乱是为引起同学的注意和老师的重视，甚至不做家庭作业以得到老师的批评而引起老师的注意。从心理学角度分析，上课有捣乱行为的孩子可能只是为了引起家长、老师和同学的注意，只是他以一种不恰当的方式表现了出来。

老师和家长应当关注孩子捣乱行为背后的原因，进而调整与他的交流方式，多给他一些关怀。如果这个孩子问题行为背后的心理需要没有被察觉和得到满足，他将免不了继续捣乱。久而久之，由于长期被当成坏孩子，他也会自认为是坏孩子，并真的捣乱起来。

优儿学堂 YoKID 支招

（1）正向强化帮助孩子养成认真听课的习惯

及时和学校老师沟通，请老师增加对孩子的关注度，比如，老师可以善意地让捣乱孩子多发言，错了也没关系，多鼓励孩子，如果发现孩子认真听课了就当着全班同学表扬孩子，或可以奖励孩子一颗小红星。孩子受到表扬就会心情愉悦，每次上课有所期待，自然也会尽量克制自己（在学校里很多班级里都会实行代币制奖励孩子，家长在家里也可以给孩子这样的奖励制度，积累到一定数量，可以换取孩子喜欢的小奖品）。

（2）和孩子一起寻找表现"例外"的情况

孩子爱在课堂上捣乱，那有没有不捣乱的时候？是什么时候？充分肯定孩子的例外，并鼓励孩子把例外变成常态。例如，孩子在体育课上不被赶出来，因为自己喜欢；校长来代课，会遵守纪律，因为担心受处分；老师讲课生动有趣的时候，会认真听，受到老师表扬后，也会听话些。

（3）父母不要因为感觉丢面子而批评责备孩子

当被老师请到学校时，家长可能会觉得丢面子而不由地向孩子发火。想一想孩子的感受吧：学业很难，充满挫败感；老师和同学不接纳自己，充满了自卑，又焦虑和无助。他课堂上弄出点动静，无非是希望大家都关注到自己的存在。作为父母，敏锐地觉察到孩子不良行为背后的心理需求至关重要。理解孩子的心情，陪伴孩子，

一起帮助孩子建立自信，创造提供机会帮助孩子成长。

【案例三】多关心厌学孩子

"我妈妈经常说，你每天什么都不用做，只要学习好就行。总感觉自己就像一只待宰的北京烤鸭，什么都不用做，只要吃饱了，养肥了，就等待那之后的一刀。"六年级的小鑫说自己就是一台学习机器，他已经对学习厌恶至极。父母心里也非常不解：辛辛苦苦给孩子创造条件，什么都尽量满足孩子，可是他还不爱学习。

心理学分析

孩子为什么会厌学，对学习提不起兴趣呢？

（1）学习动机受损是中小学生厌学的关键因素。轻者消极怠工，缺乏进取；重者完全放弃学习。学习动机可以简单划分为内部动机和外部动机。内部动机所引起的学习活动是为了学会所学的内容本身，外部动机是为了外部奖励或荣誉。年幼的孩子以外部动机为主，随着年龄增长和自主性的提高逐步转化为内部动机。有些家长喜欢用过多的物质奖励激发孩子学习，但是这有一个隐患：当孩子对物质奖励的需求不大时，孩子的学习兴趣下降。

（2）习得性无助引起悲观失望。孩子面对学习的失败，产生挫败感，如果没有得到及时调整，就会对学习产生畏难情绪，如果再受到老师和家长的消极评价，就会逐渐形成了刻板的思维模式和认知态度——他们认定自己永远是一个失败者，无论怎样努力也无济于事，因而主动地放弃了努力，这便是典型的习得性无助，这不是天生的，是经过无数次的打击以后慢慢养成的一种消极心理现象。在厌学群体中，此类学生占了很大的比重。

（3）对某位老师的不满产生消极情感迁移。学生由于某种原因不喜欢某位老师，往往对他讲的课也不感兴趣，严重的对该课程也不感兴趣。

（4）家庭因素带来的情感饥渴成为厌学的导火索。有些学生由于家庭变故，父母离异，或者家庭关系不和，亲子沟通较少，孩子情感孤独，缺乏温暖，于是便常常寻求情感补偿。而学习本是辛苦的事，是很难起到情感补偿作用的，所以就极有可能通过玩电子游戏或者广交朋友等渠道来获得心理满足，弥补家庭情感的残缺。

（5）父母过高的期望值与功利意识也易使学生产生逆反心理而厌学。家长望子成龙，对孩子提出高要求，当孩子达不到标准时便采取不恰当的措施（比如，轻则打骂，重则使用暴力惩罚）。家长的这些行为让孩子产生逆反，更加对学习失去兴趣和动力。

优儿学堂 YoKID 支招

那么，发现孩子厌学怎么办呢？

（1）制定合理学习目标

根据孩子的长处和不足，制定适合他的目标，要因人而异，不要与其他孩子攀比。这个目标是他"跳起来就能摘到"的苹果，而不是树顶的苹果；如果孩子的学习动机已经受损，目标就更要低起点，让他体会到成功的喜悦。

（2）结合趣味性和奖励，激发孩子的学习兴趣

对于年幼的孩子，在学习中增加趣味性，通过奖励提高对学习的兴趣；要与老师配合，发现孩子在某方面的"闪光点"，只要略有进步，就要及时鼓励，激发学习兴趣。

（3）提高应对挫折的能力

不可能给孩子创造一个没有学习压力、没有挫折的环境，更重要的是要教会孩子应对挫折的能力，例如考试失利是积极寻找原因还是消极自怨自艾？改变孩子消极的认知才有可能改变他消极的无助情绪。

（4）良好的亲子关系是孩子学习的动力和保障

父母平时注意保持和孩子的沟通，即便工作再忙也要分配一些时间和孩子聊一聊彼此生活中的趣事，在轻松愉快的气氛中了解孩子近期的情绪状况，让孩子感受到和父母的联结。如果你感觉孩子的厌学情绪非常严重，你自己无法帮助他缓解时，可以积极寻求专业心理咨询师的帮助。

【案例四】注意力不集中

君君上课总是注意力不集中，不是东张西望、做小动作，就是和同桌说话，严重影响了其他同学，老师每天不知批评他多少次，可就是不见效。父母带孩子检查，排除了"多动症"。对孩子批评教育，严格管束，可就是效果不大。孩子上课注意力不集中，学习成绩自然也不理想。

心理学分析

学龄前孩子在 3～6 岁的年龄段应该具备一定的有意控制自己的能力，但是可能因为抚养者（如爷爷奶奶）对孩子的溺爱，没有给孩子树立过这种意识，或者家长自身的行为打扰了孩子专注的活动，造成孩子注意力缺失。比如，在 0～6 岁的这个期间，当孩子认真地玩着游戏，家长却抱起孩子吃东西，或者一会儿亲亲孩子，或者一会儿问孩子问题。孩子本来正全神贯注地做一件事，却被大人们粗暴地打断了。类似的情形如果一而再，再而三地发生，久而久之孩子就找不到集中注意力的感觉了。如果孩子在学龄前注意力没有发展好，进入小学阶段就会影响孩子学习。

一般情况下，小学阶段的孩子在一节课中平均每次能保持 10～20 分钟的有意注意（当然，这与年龄、教材内容和教学方法等具体情况有关）。如果孩子对所有事情都不能集中注意力，建议带孩子到医院进行专业的检查。如果孩子只是上课不能很好地集中注意力，但做自己感兴趣的事情时却能聚精会神，主要原因可能有：

（1）缺乏兴趣。兴趣是好的老师，如果孩子对所学习的知识没兴趣的话，就会学一会儿就不耐烦。

（2）逃避困难心理。有些孩子感觉学习内容太难，对学习产生抗拒或逃避的心理。

（3）身体原因。如果孩子睡眠不足、学习时间过长，就会上课无法集中注意力；当孩子生病的时候也很难集中注意力。

（4）讨厌老师。有的孩子因为受到老师批评，产生逆反心理讨厌老师，进而通过上课开小差，甚至是捣乱来表达心中对老师的不满情绪。

（5）其他因素。比如，受同学欺负，导致上课分心等。

 **优儿学堂 YoKID 支招**

如果家长发现孩子上课注意力不能集中，可参考如下几方面对孩子及时矫正：

（1）为孩子提供可以专注的环境

父母给孩子提供专一的环境，孩子写作业时候，不要打断孩子。这样孩子就可以集中注意做一件事。家长要相信孩子可以在没有指导的情况下自己完成作业。

（2）想办法培养孩子对学习的兴趣

让孩子把学到的东西及时应用到实际生活中，通过知识的运用过程，不仅可以激发孩子学习的兴趣，还可以让孩子感觉知识是非常重要、有用和有意思的。

（3）有意识地培养孩子的自我控制能力

锻炼孩子在一段时间内专心做一件事的投入感，如做作业、绘画、练琴、手工制作等，通过投入地做一件事情来慢慢培养孩子的自制力。从开始的 10 分钟，慢慢过渡到 40 分钟（即一节课的时间）。整个过渡过程要循序渐进，逐步延长时间。锻炼孩子的自控力还可以借助于规律性活动，比如让孩子在固定的时间和固定的地点，完成固定的任务，以便形成一种心理活动的定向。

（4）劳逸结合，保证休息时间

注意劳逸结合，要合理安排孩子的作息时间，控制看电视和玩电子游戏的时间，保证孩子充足的睡眠，养成劳逸结合的好习惯。纠正孩子的不良习惯，家长要有耐心，给孩子一段时间适应。只要我们耐心坚持，相信孩子会进步的。

（5）父母可以和孩子玩一些注意力训练的游戏

在一张纸上画一个有 25 个方格的表格，将 1 ~ 25 的数字顺序打乱，填写在里面，然后以快的速度从 1 数到 25，要边读边指，同时计时（逐渐加速，和孩子用比赛游戏的方式，在娱乐中训练孩子的注意力）。

【案例五】家有小粗心

诗诗都上小学了，可还是丢三落四的，出门不是忘记戴红领巾就是忘记戴小黄帽，还经常忘记带作业本，家长和老师多次提醒，但是她依然如此。诗诗做作业会忘记某个科目的作业，考试会漏题，真是太马虎了。

心理学分析

孩子粗心的原因一般有几下几种：

（1）注意力不集中

注意力的指标有三个：指向性、分配性和转移性。注意力指向性差的孩子，在上课后老师已经讲课了，脑袋里还在想着下课时间与同学玩的游戏；注意力分配性差的孩子对外界的刺激非常敏感，窗外的鸟叫声、走廊上的脚步声，乃至操场上的踢球声都能转移他的注意力，他无法把注意力集中在听课和写作业上；注意力转移性差的孩子在完成一件事之后做另外一件事的时候，他的注意力转移速度非常慢，或非常困难。

（2）父母不良的心理暗示

当孩子经常达不到父母和老师的一些目标和要求的时候，会受到家长和老师无数的批评和误解。比如，家长经常对着孩子说"你就是不认真，你就是马虎"，这些负面语言对孩子来说就是心理暗示，时间久了，孩子承受巨大压力的同时，真的就朝着家长"希望"

的方向"越来越粗心，越来越马虎了"成长。

（3）视知觉能力发展失衡

视知觉是把眼睛看到的信息传递到大脑，并对看到的信息进行加工的能力。每个孩子的视知觉能力是不一样的，如果孩子的视知觉能力达不到同龄人水平，就容易出现粗心的问题，视知觉能力落后和粗心有着紧密的联系。

优儿学堂 YoKID 支招

（1）训练孩子的注意力

家长应避免在孩子学习的时候，在一旁看电视，甚至是打牌、搓麻将。孩子的注意力是极易受到干扰的，这样的做法只能让他无法将注意力集中到学习上来。

（2）培养孩子的责任心

可以让孩子做一些力所能及的家务，并及时给予奖励。纠正孩子粗心的缺点，其实就是让他培养对自己负责的做事习惯。

（3）自然后果法

家长要让孩子承担行为的后果，不要担心孩子受到批评就替孩子想办法解决。比如，孩子忘记带作业本去学校，家长不要帮忙送，让孩子自己接受老师的批评；孩子早上不愿意起床，家长不用总是催，让孩子自己接受上学迟到被老师扣分的后果。让孩子自己承担不良行为的后果，他才能从这些后果中受到教育，意识到为自己行为负责的是自己并逐渐改变这些不良行为。

（4）多关注孩子好的方面，多给孩子积极的心理暗示

消极的心理暗示对孩子来说是打击，是否认。而积极的心理暗示会让孩子充满力量。所以对孩子要鼓励，有进步时及时表扬，让他看到希望，使他树立起学习的信心，调动起他的学习主动性，积极性。比如，家长把目光放在孩子细心上，在孩子心理就有一种自己"越来越细心"的心理暗示了。

（5）保持耐心，避免体罚孩子

体罚虽然会让孩子在当时承认了错误，收到了一时之效，但从长久来看，会带来非常负面的后果。长期采用体罚的方式也会让孩子对惩罚产生"抗体"。其实，孩子粗心马虎出错他们自己心里也很难过，家长要安慰孩子，和他们一起分析原因，查找不足。

（6）对孩子进行视听觉训练

进行一定的视听觉训练可以有效地提升孩子的注意力，减少粗心现象。

训练视觉系统的方法有：在纸上走迷宫；观看图形10秒钟，然后背着它画出来；在一大堆数字中找出某个数字并划掉；在许多复杂线条中，找出某个特殊图形。

训练听觉的方法：让孩子大声朗读一篇短文，然后复述，看能记住多少。给孩子读一段文字，听到某个字（或者词）的时候，孩子要做出一个被指定的动作（比如金鸡独立）。

心理测试——舒尔特方格训练

　　舒尔特方格不仅可用来测量孩子注意力的稳定性，而且用这套图表坚持天天练习一遍，那么孩子注意力水平就能得到大幅度提高，包括注意的稳定性、转移速度和广度。家长也可以自制几套卡片，绘制表格，任意填上数字。从 1 开始，边念边指出相应的数字。

10	20	22	17	4
3	14	7	25	12
11	16	24	2	8
19	23	1	15	21
6	9	13	5	18

　　研究表明：7 ~ 8 岁的孩子完成一张 25 格的表格的时间是 30 ~ 50 秒，平均在 40 ~ 42 秒；高于 50 秒要多加训练了。

参考文献

［1］Arthur E. Jongsma. Jr. 儿童心理治疗指导计划（第三版）[M]. 中国轻工业出版社，20.

［2］费尔德曼苏彦捷. 孩子发展心理学：Child development：费尔德曼带你开启孩子的成长之旅 [M]. 机械工业出版社，2015.

［3］唐娜. 威特默何洁. 孩子心理学 [M]. 机械工业出版社，2015.

［4］阿尔曼多 .S.卡夫拉. 儿童心理百科：全面解答孩子成长中的为什么、怎么办 [M]. 化学工业出版社，2013.

［5］埃里克·J.马什，戴维·A.沃尔夫. 异常儿童心理 [M]. 上海人民出版社，2009.

［6］费伯，海兹立希，高榕. 如何说孩子才会听 怎么听孩子才肯说（平装)[M]. 中信出版社，2007.

［7］简·尼尔森. 正面管教 [M]. 京华出版社，2009.

［8］简·尼尔森，谢丽尔·欧文，罗丝琳·安·达菲. 3～6岁孩子的正面管教 [M]. 北京联合出版社，2015.

［9］安妮·夏莱－德布雷，张戈. 儿童心理学 [M]. 中央编译出版社，2013.

［10］小田丰.服部祥子.无藤隆.幼儿心理教育：心理教育从幼儿抓起 [M]. 中山大学出版社，2003.

［11］迈克尔·霍顿. 自控力成就孩子一生：儿童行为问题管理手册 [M]. 机械工业出版社，2015.

［12］西格尔，哈策尔，李昂. 由内而外的教养：Parenting from the inside out：做好父母，从接纳自己开始 [M]. 浙江人民出版社，2013.

［13］劳伦斯.科恩，李岩. 游戏力 .II[M]. 中国人口出版社，2015.

［14］简·麦戈尼格尔，闾佳. 游戏改变世界：游戏化如何让现实变得更美好 [M]. 浙江人民出版社，2012.

［15］梅兰妮·克莱茵. 孩子精神分析 [M]. 世界图书出版公司北京公司，2016.

［16］唐娜·亨德森，查尔斯·汤普森，张玉川. 孩子心理咨询 [M]. 中国人民大学出版社，2015.

［17］波·布朗森，阿什利·梅里曼. 鼓励or表扬，你做对了吗?[J]. 大众科学，2015(12):54～55.

［18］Edward L. Schor, M.D，开妈 (Julia).The Complete and Authoritative Guide－Caring for School－Age Child, 5－12[J].Bantam Books, 2014.

图书在版编目（CIP）数据

儿童行为密码 / 优儿学堂YoKID编著. -- 成都：四川科学技术出版社，2017.9（2018.5重印）
ISBN 978-7-5364-8779-6

Ⅰ．①儿… Ⅱ．①优… Ⅲ．①儿童—行为分析 Ⅳ．①B844.1

中国版本图书馆CIP数据核字（2017）第224992号

儿童行为密码
ERTONG XINGWEI MIMA

出 品 人：钱丹凝
编 著 者：优儿学堂YoKID
封面绘画：紫阳（小玫瑰）
责任编辑：罗 芮 张 蓉
封面设计：秦一弘
责任出版：欧晓春
出版发行：四川科学技术出版社
　　　　　地址：成都市槐树街2号　邮政编码：610031
　　　　　官方微博：http://weibo.com/sckjcbs
　　　　　官方微信公众号：sckjcbs
　　　　　传真：028-87734039
成品尺寸：170mm×230mm
印 　 张：14.5
字 　 数：160千
印 　 刷：北京联兴盛业印刷股份有限公司
版次/印次：2017年9月第1版　2018年5月第3次印刷
定 　 价：39.80元

ISBN 978-7-5364-8779-6
版权所有　翻印必究
本社发行部邮购组地址：四川省成都市槐树街2号
电话：028-87734035　邮政编码：610031